José Manuel Ortega Candel

Tecnologías para arquitecturas basadas en microservicios

José Manuel Ortega Candel

Tecnologías para arquitecturas basadas en microservicios

Patrones y soluciones para aplicaciones desplegadas en contenedores

Editorial Académica Española

Cover image: www.ingimage.com

Publisher:
Editorial Académica Española
is a trademark of
International Book Market Service Ltd., member of OmniScriptum Publishing Group
17 Meldrum Street, Beau Bassin 71504, Mauritius
Printed at: see last page
ISBN: 978-620-0-41131-0

Tecnologías para arquitecturas basadas en microservicios. Patrones y soluciones para aplicaciones desplegadas en contenedores.

1. Introducción a las arquitecturas basadas en microservicios

Hasta el momento de la aparición de las arquitecturas basadas en microservicios las arquitecturas de las aplicaciones eran consideradas monolíticas con respecto al despliegue de la misma en un servidor de aplicaciones, es decir, el despliegue se realizaba como un único proceso o un único servicio. Este enfoque monolítico tiene las siguientes implicaciones:

- Cada vez que queremos realizar una actualización tenemos que desplegar la aplicación entera.
- La dificultad para escalar partes individuales obliga a que cada vez que queremos escalar nuestra aplicación tenemos que desplegar diferentes versiones de la misma aplicación.

Los microservicios se basan en una arquitectura orientada a servicios (**SOA**), compuesta por desarrollos independientes con objetivos sencillos y bien definidos, pero que pueden acoplarse entre sí mediante por ejemplo una API. Este modelo nos permite que las aplicaciones se comuniquen entre sí dentro de la misma o desde diferentes máquinas, por ejemplo mediante un API REST.

1.1. Ventajas de los microservicios

Los microservicios se han diseñado para resolver las limitaciones de las aplicaciones monolíticas, que impiden una mejora continua ágil. Esto es posible gracias a los servicios independientes, donde cada servicio puede ser alojado y desplegado independientemente como un servicio aislado, lo que al final facilita el mantenimiento, la monitorización y el despliegue de los diferentes servicios de forma independiente.

Entre las principales **ventajas** para desarrollar en arquitectura de microservicios podemos destacar:

- **Los microservicios se pueden mantener, monitorizar y desplegar de forma independiente**.
- **Los microservicios interactúan entre sí a través de las API** y, por lo tanto, no comparten estructuras de datos, esquemas de base de datos u otras representaciones internas de objetos.
- **Puedes escalar sin dificultad, ya que cada servicio se aloja en un proceso separado.** Si un servicio se convierte en el cuello de la botella y necesita muchos recursos, puede trasladarse a otra máquina sin afectar a otros servicios.
- **Cada microservicio puede ser diseñado, desarrollado y desplegado independientemente del resto.** Esto proporcionada agilidad al ser capaces de desplegar nuevas versiones de los microservicios frecuentemente.
- **Se puede dividir el trabajo de desarrollo entre distintos equipos.** Cada microservicio puede ser desarrollado por un equipo de desarrollo distinto. De esta forma, cada equipo puede desarrollar, desplegar, escalar y administrar su microservicio de forma independiente al resto de equipos.
- **Todos los servicios pueden comunicarse entre sí,** incluso cuando los servicios se encuentran en diferentes máquinas.
- **Las aplicaciones se vuelven más resistentes** porque cada característica se puede desarrollar y testear de forma independiente.
- **Poder escalar los equipos horizontalmente**, dado que los microservicios se han de poder ejecutar en paralelo, se podrá ampliar el equipo para soportar cargas de trabajo.
- **Es posible escalar individualmente áreas de la aplicación.** Esto hace a la arquitectura de microservicios mucho más eficiente respecto a los recursos utilizados a la hora de escalar en comparación con las soluciones monolíticas tradicionales.

- **Tolerancia a fallos,** en caso de producirse un fallo en un microservicio éste quedará aislado, limitándose a dicho microservicio y su funcionalidad.
- **Los problemas están más aislados.** Si hay un problema en uno de los servicios, el resto pueden continuar sirviendo peticiones (siempre que la solución esté bien diseñada y no haya dependencias directas entre microservicios). El poder desplegar de forma sencilla nuevas versiones de cada microservicio permite solucionar el problema sin impactar al resto.
- **Disposición de una arquitectura políglota**, donde podemos utilizar más de un lenguaje y según el caso de uso de cada microservicio podremos usar un lenguaje u otro.
- **Es posible hacer uso de las últimas tecnologías.** Dado que se pueden desarrollar y ejecutar los servicios de forma independiente, es posible incorporar nuevas tecnologías sin importar la forma en la que estén desarrollados los microservicios existentes.

Los microservicios son una estrategia arquitectónica que busca la agilidad en el desarrollo de software, a partir de dividir los alcances funcionales de un producto, de manera que cada agrupación funcional pueda ser desarrollada, evolucionada, desplegada y mantenida, independientemente de las demás, y soportada por un equipo especializado en dicha área funcional del negocio.

1.2 Arquitectura monolítica vs arquitectura de microservicios

Con las arquitecturas monolíticas, todos los procesos están estrechamente asociados y se ejecutan como un solo servicio. Esto significa que, si un proceso de una aplicación experimenta un pico de demanda, se debe escalar toda la arquitectura. Añadir o mejorar las características de una aplicación monolítica se vuelve más complejo a medida que crece la base de código.

Las arquitecturas monolíticas aumentan el riesgo de la disponibilidad de la aplicación porque muchos procesos dependientes y relacionados aumentan el impacto del error de un proceso.

Con una arquitectura de microservicios, una aplicación se crea con componentes independientes que ejecutan cada proceso de la aplicación como un servicio. Estos servicios se comunican a través de una interfaz definida mediante APIs. Debido a que se ejecutan de forma independiente, cada servicio se puede actualizar, implementar y escalar para satisfacer la demanda de funciones específicas de una aplicación.

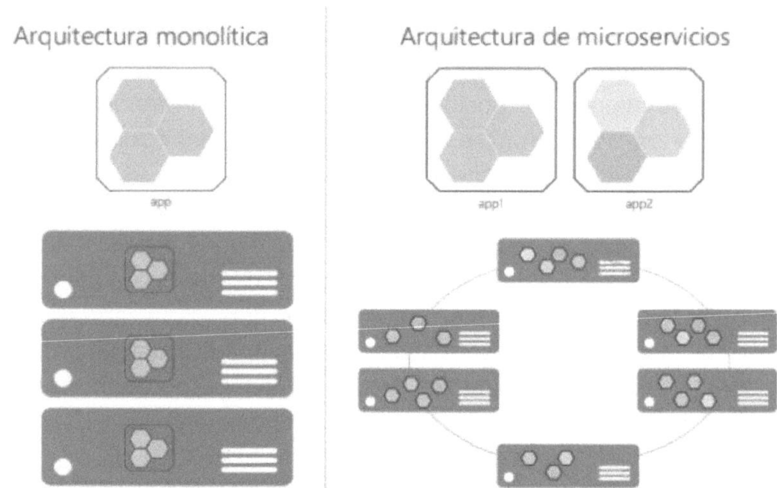

1.2.1. Separación de funciones técnicas

Desde el punto de vista de la separación de funciones técnicas, en el caso del monolito muchas de estas funciones se resuelven en el framework de desarrollo que por definición supone un alto grado de acoplamiento entre la lógica de negocio y el propio framework.

Esto da lugar a problemas conocidos de evolución del monolito debido al framework.

En el caso de los microservicios, muchas de las funciones técnicas son entregadas por plataformas basadas en contenedores y orquestadores como Docker y Kubernetes que garantizan un desacoplamiento de la lógica de negocio lo que favorece la adaptabilidad global de la solución.

1.2.2. Facilidad de evolución

La facilidad de evolución de un proceso sin afectar a los demás es mucho más evidente en el caso de los microservicios. Este aspecto mucho más complicado de garantizar en el caso del monolito, sobre todo cuando este ya es una aplicación que lleva tiempo siendo evolucionado.

1.2.3. Especializar los equipos por procesos de negocio

Otra característica en la que los microservicios tienen ventajas es la capacidad que nos entregan de poder especializar los equipos por procesos de negocio. En el caso de un monolito este proceso de especializar los equipos se complica cuando se trata de un gran monolito con muchos procesos. Esto suele llevar al antipatrón de tener varios equipos, cada uno especializado en un proceso de negocio, escribiendo en el mismo monolito, es decir en el mismo código.

1.2.4. Monitorización técnica

La monitorización técnica es más sencilla de realizar en el caso de los microservicios que en el caso del monolito porque, a pesar de tener que monitorizar muchos más componentes, es más fácil identificar aquellos cuyo performance está degradado e, incluso, saber a qué procesos de negocio está afectando.

1.3. Características principales de arquitecturas orientadas a microservicios

Si alguna vez ha trabajado con microservicios sabrá que uno de los retos que hay que afrontar es su despliegue en cada uno de los entornos. Con el tiempo el número de artefactos a manejar se vuelve muy grande y por tanto, se complica su gestión, su despliegue, su monitorización, el autoescalado y por supuesto mantener todo en alta disponibilidad.

Por todo esto, aparecen algunas herramientas que ayudan a realizar toda esta gestión de forma automática sin la intervención manual. A continuación, se explicarán algunas de las principales características que una plataforma de microservicios tiene que cumplir para facilitar el manejo de los microservicios en los diferentes entornos.

1.3.1. Despliegue

Una de las principales ventajas que aportan los microservicios es que estos se pueden desplegar de forma independiente unos de otros. Cuando se tienen muchos microservicios esta gestión de despliegues se vuelve imposible hacerla manualmente por lo que es vital tener algún sistema automático que permita su "orquestación" de forma sencilla y controlada.

1.3.2. Contenedores y orquestadores

A nivel de desarrollo la manera más ágil de arrancar todas las piezas de una arquitectura es usando contenedores. El uso de contenedores y sus sistemas de orquestación es un gran avance en el despliegue, gestión y monitorización de aplicaciones.

Una de las ventajas de trabajar con contenedores es la abstracción sobre el entorno de despliegue que ofrece. Esto da más libertad a los desarrolladores sobre el software y la base donde se ejecutará su aplicación. Por lo tanto se podrían tener entornos similares al que se tiene en producción.

1.3.3. Monitorización

Otra de las funcionalidades que tiene que tener nuestro sistema es la monitorización de éste. Es necesario poder medir cómo se están comportando los microservicios, no sólo para saber su rendimiento, sino también para saber si un servicio está caído o no.
Con sistemas de gestión de contenedores donde estos son volátiles, es vital tener herramientas de monitorización que puedan analizar el estado de salud de cada una de los servicios.

1.3.4. Alta disponibilidad

Con toda probabilidad los microservicios van a tener que estar desplegados en entornos productivos en alta disponibilidad. Es decir, desplegar varias instancias de un mismo microservicio en distintas máquinas con el objetivo de que si una de ellas falla, poder seguir dando servicio con el resto de instancias.

Otra característica que está relacionada con la alta disponibilidad y tal vez uno de los grandes puntos clave de estos sistemas es la capacidad de recuperarse ante un fallo. Ante un problema o fallo de una instancia de un microservicio, los sistemas tienen la capacidad de levantar dinámicamente otros contenedores con las instancias necesarias hasta llegar a cumplir los requisitos de disponibilidad configurados en el sistema.

1.3.5. Auto Escalado

Una vez se tiene la alta disponibilidad, el siguiente paso es el autoescalado. Esto permite aumentar el número de instancias de un microservicio en función de la demanda de uso, de forma que el sistema no sólo es tolerante a fallos, sino que es capaz de soportar picos de peticiones en un momento determinado de tiempo.

Con la capacidad de autoescalado la aplicación podría aumentar o disminuir el número de instancias de un determinado microservicio. De esta forma nuestro sistema se adaptará dinámicamente en función de la carga, optimizando el uso de los recursos.

1.4. Componentes de una arquitectura de microservicios

Los siguientes serán los componentes que vamos a necesitar en una arquitectura de microservicios:

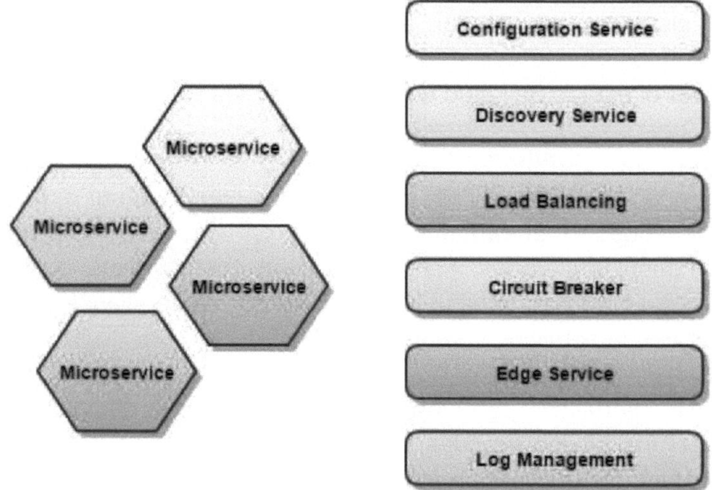

- **Microservicios.** Cada microservicio será una aplicación independiente. Por ejemplo, podríamos utilizar **Spring Boot** con controladores Spring MVC para el desarrollo de los diferentes microservicios.
- **Configuration Service.** Este componente se encargará de centralizar y proveer remotamente la configuración a cada microservicio. Esta configuración se podría mantiene en un repositorio Git, lo que nos permitirá gestionar su propio ciclo de vida y versionado. **Spring Cloud Config** nos puede ayudar a centralizar y delegar en un servicio la provisión de la configuración de todos nuestros microservicios.
- **Service Discovery.** Este servicio centralizado será el encargado del descubrimiento de los diferentes servicios y proveer los endpoints de los servicios para su consumo. Todo microservicio se registrará automáticamente en él en tiempo

de arranque. **Eureka Netflix OSS** nos puede ayudar a registrar cada servicio y a su vez podrá consultar la dirección de los demás servicios para consumirlos.

- **Load balancer (Balanceo de carga)**. Este patrón permite el balanceo entre distintas instancias de forma transparente a la hora de consumir un servicio. El objetivo es consumir un servicio de forma balanceada entre varias instancias desplegadas del mismo. La idea es que en un escalado elástico el consumo balanceado sea transparente para nosotros.
- **Circuit breaker (Tolerancia a fallos)**. Mediante este patrón conseguiremos que cuando se produzca un fallo, este no se propague en cascada y poder gestionar el error de forma controlada a nivel local del servicio donde se produjo. Podríamos implementar nuestro mecanismo de tolerancia a fallos a través de **Histryx**.
- **Edge server(Servidor perimetral).** Será un gateway en el que se expondrán los diferentes servicios a consumir.
- **Log management (Centralización de logs)**. Se hace necesario un mecanismo para centralizar la gestión de logs ya que sería difícil de manejar la consulta de cada log individual de cada uno de los microservicios.
- **Servidor de Autorización.** Para implementar la capa de seguridad podríamos utilizar el servicio **Spring Cloud Security.**
- **Monitorización**. Es interesante el poder disponer de mecanismos para monitorizar las diferentes métricas que podemos obtener como consumo de memoria y CPU de cada uno de los servicios.

Los microservicios son un estilo de arquitectura de software en el que las aplicaciones están compuestas por módulos pequeños e independientes que se comunican entre ellos utilizando APIs, normalmente REST aunque podríamos utilizar otras arquitecturas como GraphQL.

Estos servicios son módulos altamente desacoplados y suficientemente pequeños para implementar una funcionalidad única. El siguiente diagrama muestra la arquitectura de microservicios en capas:

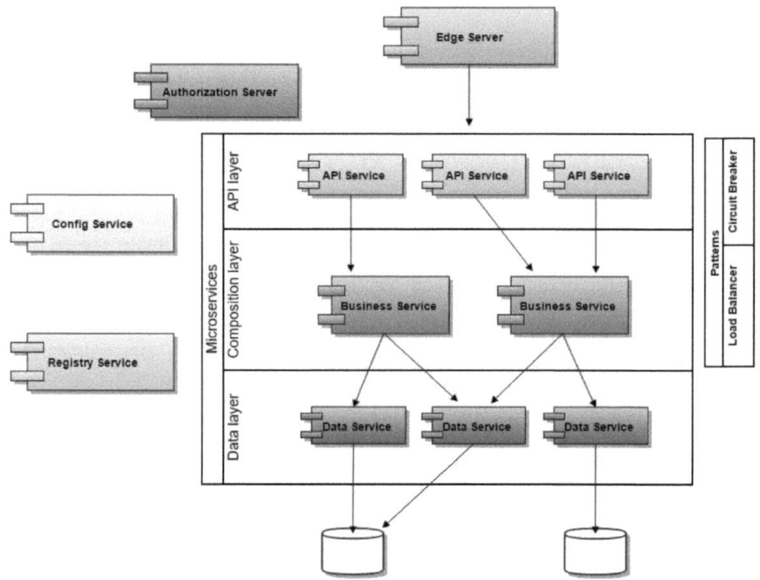

1.5. Arquitecturas de microservicios

Como ya hemos comentado, las arquitecturas de microservicios son un enfoque para desarrollar aplicaciones de servidor como un grupo de pequeños servicios. Cada servicio se ejecuta en su propio proceso y se comunica con otros procesos usando distintos protocolos, como HTTP/HTTPS o WebSockets.

Cada microservicio es independiente de los demás y por tanto implementa una funcionalidad o lógica de negocio completa, de principio a fin. Debe ser desarrollado autónomamente y desplegado independientemente. Además, la lógica del dominio implementada en el microservicio será responsable de sus propios modelos de datos.

Esto se hará de una forma descentralizada por lo que cada microservicio puede tener una base de datos distinta y/o podrán estar basados en distintas tecnologías de almacenamiento de datos (SQL, NoSQL) y distintos lenguajes de programación.

Aunque el propio nombre incluya la palabra micro, ello no implica que tengamos que hablar del tamaño de los microservicios como un punto importante. Lo importante debería ser el crear servicios altamente desacoplados ganando la autonomía en el desarrollo, despliegue y escalado de ellos. Si un microservicio tiene que estar constantemente interconectado con otros para realizar cualquier operación puede ser un indicativo de que quizás deberían estar contenidos en él.

Esta arquitectura provee de mayor agilidad a largo plazo y un mejor mantenimiento en sistemas complejos altamente escalables dado que permite crear aplicaciones basadas en muchos servicios que pueden ser desplegados independientemente, por lo que sus ciclos de vida son autónomos.

De esta forma, podemos escalar un microservicio específico bajo demanda otorgándole más capacidad de procesamiento, ancho de banda de red, memoria o desplegando más copias de este microservicio en la misma o distintas máquinas.

Las aplicaciones basadas en arquitecturas de microservicios facilitan escenarios de integración y entrega continuas, elementos que son parte de la cultura DevOps. Aceleran la entrega de nuevas funcionalidades en la aplicación y permiten su evolución de forma autónoma siempre que los contratos que éstas exponen se mantengan claros. Si no los cambiamos podremos modificar la implementación de cualquier microservicio o añadir nuevas funcionalidades sin afectar a otros microservicios.

A continuación se presentan algunas metodologías y modelos a tener en cuenta en el diseño de nuestras soluciones de microservicios.

1.5.1. Metodología DDD (Domain-driven design)

Una regla importante en las arquitecturas de microservicios es que cada microservicio debe ser el dueño de su propia lógica de negocio y de los datos del dominio que éste maneje. Una conclusión que podemos sacar de esto es que el modelo conceptual que manejará cada microservicio podrá ser completamente distinto del resto. Cada microservicio tendrá un **Bounded Context (BC)** que podríamos traducir al castellano como contexto acotado.

El concepto de microservicio deriva del patrón de diseño Bounded Context (BC) en la metodología **DDD (Domain-driven design)** que podemos traducir como diseño dirigido por el dominio. DDD se enfrenta a grandes modelos separándolos en distintos contextos acotados (BC) y siendo muy explícito sobre los límites o el ámbito de cada uno de ellos. Cada contexto debería tener su propio modelo y base de datos dado que cada uno maneja sus propios datos.

Uno de los términos más importantes en esta metodología es el uso de **entidades de dominio**. Estas entidades pueden tener diferentes identificadores y nombres en diferentes **Bounded Context (BC)**.

1.5.2. Comunicación entre los distintos microservicios

Si venimos del mundo de las aplicaciones monolíticas, donde la aplicación se está ejecutando en un único proceso, sabemos que la comunicación entre componentes mediante llamadas a funciones y métodos de los mismos puede provocar un fuerte acoplamiento entre los mismos.

En este punto podríamos mejorar este aspecto si utilizamos mecanismos de inyección de dependencias e inversión de control que podemos encontrar en frameworks como Spring. De esta forma podríamos comenzar los componentes de forma desacoplada donde es el framework el encargado de realizar llamadas en una forma desacoplada referenciando abstracciones en vez de instancias concretas.

El principal factor a tener en cuenta en la organización de las comunicaciones entre microservicios es si estas comunicaciones son síncronas (tenemos que esperar a que se complete la comunicación y por tanto quedarnos esperando al resultado) o asíncronas (lanzamos el mensaje y no esperamos respuesta). Es este aspecto, los principales protocolos que podemos usar son:

- **peticiones y respuestas HTTP** cuando estamos ejecutando consultas sobre una **API REST** que exponen los microservicios.
- **mensajería asíncrona** cuando necesitemos lanzar eventos y actualizaciones sobre diferentes microservicios de forma distribuida. En este caso los protocolos que se suelen usar son los orientados a la gestión de colas de mensajes como **AMQP (Advanced Message Queuing Protocol)**.

En un escenario ideal, los microservicios solamente deberían comunicarse propagando los datos de forma asíncrona sin depender de lo que pase en otros microservicios de forma síncrona como parte de una petición desde el cliente. Si necesitamos realizar alguna acción en otro microservicio como parte de una petición, es mejor hacerlo asíncronamente sin que afecte al tiempo de respuesta al microservicio cliente.

En estas situaciones es mejor replicar o propagar esos datos en las bases de datos de los microservicios usando patrones relacionados con la propagación de eventos o mediante el uso de programación reactiva que estudiaremos.

1.5.3. Servicios basados en HTTP y REST

REST es el estilo arquitectónico más usado para comunicaciones basadas en peticiones y respuestas a través del protocolo HTTP. Cuando un cliente se conecta a un servicio usando este estilo de comunicación envía una petición al servicio, éste la procesa y envía una respuesta al cliente. Normalmente se asume que las peticiones serán procesadas en un corto periodo de tiempo.

REST está basado en el protocolo HTTP, usando sus verbos, como son GET, POST, PUT, DELETE, PATCH. Existe una iniciativa llamada **OpenAPI** bajo la Linux Foundation que nos provee de un estándar para construir una API REST. Este formato es una evolución de la especificación de **Swagger** que fue donada a la fundación. Facilita herramientas para crear clientes de forma automática que serán capaces de descubrir y consumir nuestros servicios.

- https://www.openapis.org
- https://github.com/OAI/OpenAPI-Specification
- https://swagger.io

En el servicio https://openapi-converter.herokuapp.com tenemos las opción de convertir una API desarrollada en swagger a un formato Open API.

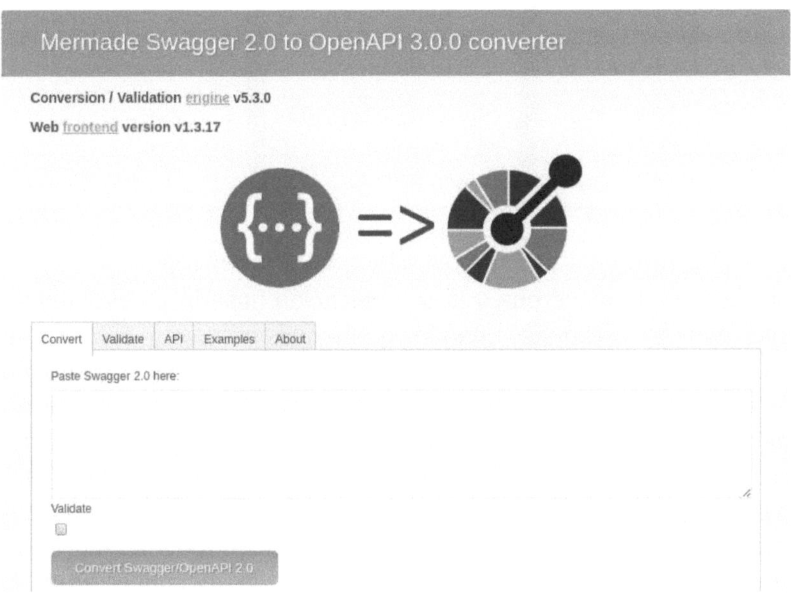

Para el diseño de una API REST tenemos otras opciones como la de **Postman** https://www.postman.com que nos permite entre otras cosas diseñar y documentar APIs, crear mocks y realizar test automáticos.

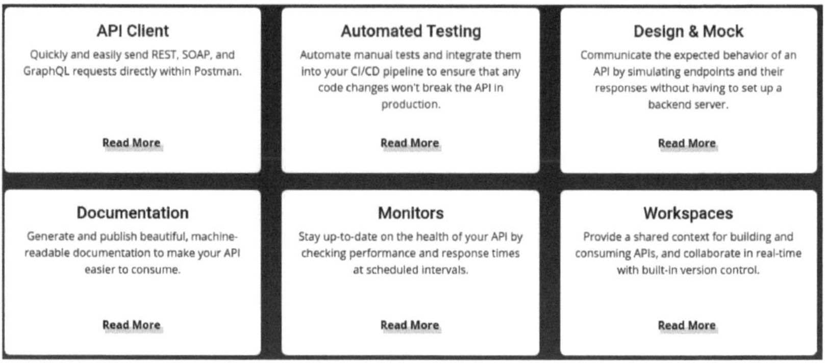

API Client
Quickly and easily send REST, SOAP, and GraphQL requests directly within Postman.
Read More

Automated Testing
Automate manual tests and integrate them into your CI/CD pipeline to ensure that any code changes won't break the API in production.
Read More

Design & Mock
Communicate the expected behavior of an API by simulating endpoints and their responses without having to set up a backend server.
Read More

Documentation
Generate and publish beautiful, machine-readable documentation to make your API easier to consume.
Read More

Monitors
Stay up-to-date on the health of your API by checking performance and response times at scheduled intervals.
Read More

Workspaces
Provide a shared context for building and consuming APIs, and collaborate in real-time with built-in version control.
Read More

1.5.4. Comunicación asíncrona basada en mensajes

La mensajería asíncrona y la comunicación basada en eventos son las mejores opciones cuando queremos propagar cambios en múltiples microservicios de forma distribuida. Como comentamos anteriormente, si seguimos la metodología **DDD (Domain-driven design)** una misma entidad de dominio podría significar distintas cosas en microservicios diferentes, por lo que cuando existan cambios, necesitamos alguna forma de sincronizarlos a lo largo de las diferentes entidades. Una buena solución podría ser utilizar comunicación asíncrona basada en paso de mensajes entre los diferentes microservicios.

En estas comunicaciones el cliente ejecuta un comando o una petición a otro servicio enviando un mensaje. El mensaje está compuesto por unas cabeceras y un cuerpo. Si el servicio necesita contestar podría mandar un mensaje distinto al cliente. La principal ventaja es que al estar basada en mensajes, el cliente no esperará tener una respuesta inmediata o incluso podría no esperar recibir ninguna.

La infraestructura común es usar un **broker de mensajes**, el cual actúa simplemente distribuyendo los mensajes y, siendo los extremos, los microservicios, los encargados de toda la lógica de producir y consumir mensajes.

En el caso de **mensajes con un solo receptor** hay una comunicación punto a punto que envía un mensaje a un único consumidor que está leyendo mensajes en ese canal y que será procesado una única vez. En caso de que se produzca un fallo en el procesamiento de un mensaje, ciertos sistemas podrían reintentar el reenvío hasta que el mensaje sea procesado siendo el servidor el encargado de que sea procesado una única vez.

En el caso de **mensajes con varios receptores** podemos usar el mecanismo de **publicador/suscriptor** de tal forma que la comunicación desde el publicador esté disponible para distintos microservicios o incluso aplicaciones externas. De esta forma podremos tener en el futuro suscriptores adicionales sin necesidad de modificar el servicio publicador.

1.5.5. Registro de servicios

Cada microservicio dentro de nuestra aplicación debe tener un nombre único que usaremos para descubrir cómo acceder a él. Podemos ver esto como una analogía a la resolución de DNS, que a través de un nombre o una dirección única, identifica a una dirección IP y por tanto a un servidor de destino. Este proceso se denomina resolución de nombres. Con los microservicios ocurre lo mismo, es necesaria una forma de acceder a ellos, usando un nombre, sin preocuparnos de la infraestructura en la que los estamos ejecutando.

Existe un patrón denominado **Service Registry** que podemos ver como una base de datos que contiene las localizaciones de red de las instancias de nuestros servicios. Un factor muy importante es que el registro debe actualizarse cada vez que se elimina una instancia o se añaden nuevas de nuestros servicios.

Este Service Registry lo implementan soluciones conocidas como orquestadores entre los que podemos destacar **Kubernetes** y **Docker swarm.**

1.5.6. Utilizando un API Gateway

En arquitecturas basadas en microservicios cada microservicio expone una serie de endpoints. Los clientes que se conectan a nuestros servicios (ya sean aplicaciones móviles o aplicaciones web ejecutándose en el navegador de nuestros usuarios) pueden acceder directamente a ellos, por lo que estarían expuestos directamente a internet y tendrían que tener una dirección pública. En entornos de producción y en la nube la dirección pública que exponen podría ser un balanceador que distribuya la carga entre los microservicios.

La comunicación directa entre clientes y microservicios está bien cuando hablamos de una aplicación pequeña, sin embargo, cuando la aplicación es compleja este enfoque presenta una serie de problemas. Si necesitamos realizar múltiples llamadas a distintos microservicios para cargar una página o pantalla en una aplicación móvil incrementaremos el número de peticiones aumentando la latencia y la complejidad en la parte del cliente.

En este punto podríamos introducir un sistema intermediario llamado **API Gateway** que proporcione una interfaz API REST para hacer de **enrutador desde un único punto de entrada hacia un grupo de microservicios y/o APIs de terceros.**

Este API Gateway permitiría unificar o desacoplar la interfaz que ven los clientes (en este caso, los consumidores de la API que podrían ser aplicaciones móviles o web) de la propia implementación de los microservicios. El objetivo sería de hacer de proxy optimizado para la autenticación y el control de acceso a los diferentes microservicios y/o APIs de terceros.

Este patrón es especialmente útil para evitar exponer los servicios internos a clientes externos, separando las API públicas externas de las API internas de los microservicios. También permite ocultar el descubrimiento de los servicios publicados en la API principal y los detalles de las diferentes versiones que puedan tener los microservicios, ya que proporciona un único punto de entrada para todos los microservicios y API's.

Este servicio nos expone un único punto de entrada para un grupo de microservicios. Este servicio podría implementarse como una Web API ejecutándose en un contenedor o podríamos usar otros servicios que ofrezcan los distintos proveedores Cloud donde estemos desplegando nuestros microservicios.

El API Gateway permitiría añadir funcionalidades adicionales como:

- **Autenticación y autorización (por ejemplo, OAuth).**
- **Protección contra amenazas (por ejemplo, DoS, inyección de código, etc).**
- **Análisis y supervisión (quién utiliza sus API's, cuándo y cómo).**
- **Monitorización de uso (KPI's y métricas).**
- **Administración del ciclo de vida y versionado de las APIs.**
- **Orquestación de API propias o de terceros.**

Podríamos tener diferentes escenarios para estudiar qué opciones tenemos disponibles a la hora de utilizar un API Gateway en arquitecturas basadas en microservicios:

- **Desde una API existente:** Si tienes una API con muchas funcionalidades y necesitas desarrollar una aplicación con solo algunas de estas funcionalidades, lo más indicado sería no publicar el API principal. El mejor recurso es hacerlo mediante el API Gateway, configurando en el sistema únicamente aquellos end-points que necesite la aplicación. Como resultado habrás minimizado los accesos a la API y podrás controlar la autenticación y autorización.
- **Diseña una nueva API REST:** Algunas herramientas proporcionan un completo entorno de desarrollo SOA que te permite diseñar todo un proyecto API REST. De esta forma, se simplifica la creación de funcionalidades con un entorno GUI que te facilitara la creación de la API.
- **Desde un servicio SOAP existente:** En sistemas que exponen las interfaces con el protocolo SOAP que los clientes móviles no son adecuados para consumir podríamos utilizar un API Gateway para traducir las llamadas de un servicio SOAP en llamada a una API REST.

En definitiva, prácticamente todas las aplicaciones basadas en microservicios deberían consumirse mediante una API Gateway, para que interactúe como un único punto de entrada en el conjunto de microservicios, enrutando las solicitudes y la traducción de protocolos. Además de beneficiarte de todas las funcionalidades y herramientas que te aporta una API Gateway manager como analizar, supervisar, monitorizar, auditar, orquestar, versionar y gestionar la seguridad de tu API.

Entre los principales **API Gateway managers** podemos destacar las siguientes soluciones:

- AWS API Gateway **https://aws.amazon.com/es/api-gateway**
- WSO2 **https://wso2.com/api-management**

1.5.7. Utilizando una API REST

Las aplicaciones de hoy en día utilizan interfaces para el intercambio y tratamiento de datos, de modo que, si otros servicios han de acceder a datos de otro servicio, tendrías que desarrollar e implementar una interfaz para comunicar ambos servicios.

También aquí existen estándares muy utilizados en la industria como SOAP o REST (Representational State Transfer), que fijan una estructura para que tu API REST sea compatible con cualquier lenguaje de programación.

Para una API RESTful se debe planear primero, pensar en los casos de uso por adelantado, diseñar los recursos y los recursos de manera correspondiente. REST le añade una capa de abstracción al protocolo HTTP que se basa en la transferencia de recursos.

Los recursos REST siempre se manipulan a partir de una URI y todas las peticiones al API deben estar asociadas a uno de los verbos de HTTP. Dentro de una API RESTful todo recurso que sea expuesto debe tener una URI única como identificador, los clientes que quieran acceder a estos recursos deberán hacerlo con el método HTTP correspondiente:

- **GET** para obtener/leer un recurso.
- **POST** para escribir/crear un nuevo recurso.
- **PUT** para modificar un recurso, debe mandar toda la información completa del recurso.
- **DELETE** para borrar un recurso.

Las gran mayoría de APIs que utilizamos a día de hoy son RESTful. La necesidad de avanzar más rápido en productos cada vez más complejos, ha empujado un cambio en la forma en que interactuamos con las APIs.

Aquí es dónde surge **GraphQL**, una solución que trata de complementar a las API REST con el objetivo de realizar aplicaciones más complejas en menos tiempo.

Podríamos pensar en las razones por las cuáles deberíamos repensar las tradicionales APIs basadas en RESTful en favor de GraphQL.

En RESTful utilizamos una URI para leer o escribir un único recurso, ya sea, por ejemplo, un producto, una persona, un post o un comentario. Si necesitamos trabajar con múltiples recursos como un listado de posts con un listado de comentarios, necesitamos manejar múltiples endpoint y encadenar distintas llamadas, a veces de forma secuencial.

Por ejemplo, solicitar los ids de los comentarios de un post concreto. Aquí por ejemplo, necesitamos una request al detalle del post, a las estadísticas del post, al listado de comentarios y finalmente juntar toda esa información para devolverla al usuario de forma unificada.

Cuando hacemos una request, no recibimos simplemente la información que necesitamos, sino todo el conjunto de datos relativos al resource alojado en esa URI. Algo bastante complicado de gestionar y costoso en recursos cuando el 90% de los datos procedentes de cada resource/endpoint son innecesarios.

El versionado de una API REST muchas veces tampoco es una tarea trivial. En muchas ocasiones necesitamos añadir nuevos campos o modificar el tipo de alguno de ellos. Todos conocemos los verbos HTTP involucrados en las peticiones RESTful pero eso no asegura la correcta utilización de los códigos de error basados en HTTP.

Hay una decena de ellos representados a lo largo de las diversas categorías de 2XX, 3XX, 4XX o 5XX. Incluso algunos de ellos han ido surgiendo bajos las necesidades, pero la mayoría de las veces no se utilizan de forma homogénea.

La arquitectura REST ha sido hasta ahora la más usada para el desarrollo de APIs y ha ganado muchos adeptos debido a su robustez. En la actualidad este tipo de arquitectura denota cada vez más sus limitaciones y su inflexibilidad y nuevas soluciones como GraphQL presentan nuevas forma de implementar microservicios.

1.5.8. Utilizando GraphQL

GraphQL https://graphql.org es un lenguaje de consulta y un motor de ejecución creado en Facebook para describir las capacidades y los requisitos de los modelos de datos para aplicaciones cliente-servidor.

Para entender el funcionamiento de GraphQL, es necesario explicar los tres **componentes** elementales que caracterizan al proyecto:

- **Lenguaje de consultas:** El concepto GraphQL describe un lenguaje de consultas que facilita el acceso a una API. Mientras otras arquitecturas de interfaz sólo permiten consultas estrictas que sólo garantizan acceder a un solo recurso, las consultas GraphQL se distinguen por una gran flexibilidad. GraphQL permite tanto consultas de lectura como de escritura.
- **Sistema de tipos:** GraphQL trabaja con un sistema propio de tipos que permite describir a una API con tipos de datos. Las estructuras de datos definidas de este modo son las que crean el marco para las consultas. Cada tipo consta de uno o varios campos que, a su vez, contienen sus propios tipos de datos. Este sistema individual sirve a GraphQL como punto de orientación para validar consultas.

- **Múltiples lenguajes de programación:** GraphQL te ofrece múltiples opciones a la hora de escoger el lenguaje de programación base. Esta es también una de las mayores ventajas a la hora de implementar una interfaz de GraphQL en tu aplicación.
- De esta manera, si trabajas con Python, podemos utilizar **Graphene** https://github.com/GraphQL-python/graphene y si trabajas en Java **https://github.com/GraphQL-java/GraphQL-java**. Puedes encontrar un listado de las bibliotecas para GraphQL y aplicaciones clientes disponibles para distintos lenguajes de programación en la página oficial de GraphQL **https://graphql.org/code**

Estas son los pilares fundamentales de GraphQL:

- En ocasiones solo se necesita un único campo de un recurso, pero el servidor devuelve todos, sin embargo, con GraphQL es la aplicación la que tiene el control del recurso, reduciendo el ancho de banda y los tiempos.
- Con GraphQL se puede acceder a distintos recursos en una única llamada.
- Se intenta eliminar el versionado de las APIs pudiendo deprecar el uso de atributos.
- GraphQL desacopla la dependencia con el acceso a las bases de datos.

El ecosistema GraphQL nos da una gran cantidad de librerías, herramientas y servicios, entre las que podemos destacar:

- **Apollo Client:** Es una librería potente y flexible. Está soportado para varias plataformas y frameworks (React, Vuea, Angular, iOS, Android).
  - **https://www.apollographql.com/docs**

- **GraphiQL**: Es una interfaz interactiva en el navegador que nos permite explorar y probar los Schemas que existen en el Server.
    - https://github.com/graphql/graphiql
- **Apollo Optics:** Nos permite visualizar, monitorizar y escalar nuestros servicios GraphQL.
    - https://www.apollographql.com/engine

Uno de los puntos más importantes que nos ofrece GraphQL es la obtención de datos. En GraphQL solo tenemos un único endpoint (/**graphql**) con el que accedemos a los datos del servidor. Con una única llamada podemos obtener un objeto con sus objetos relacionados.Dentro de GraphQL debes describir los datos (schemas) que tu API va a exponer. Si bien la mayor ventaja de GraphQL es que el cliente puede elegir los datos que necesite, debes declarar la forma en la que los clientes van a acceder a estos datos, es decir, declarar los query y mutations.

A diferencia de las APIs REST, en GraphQL solo hay un punto de entrada a la API, y solo utiliza GET y POST para todas las operaciones contra el endpoint. En lugar de haber modelos que representen las entidades que va a devolver la misma, hay algo llamado Schema, que es donde se declara a qué se puede acceder a través de esta API. Además, este esquema sabe cómo recuperar los datos que solicita el cliente, a través de unas funciones llamadas resolvers.

Una de las características principales de GraphQL es la sencillez del lenguaje de consulta, que facilita a los desarrolladores el acceso a la interfaz. Al utilizar GraphQL es fácil darse cuenta de que las respuestas que se obtienen reflejan exactamente las consultas que se han formulado. GraphQL destaca especialmente por las siguientes características:

- **Estructura jerárquica:** las bases de datos que pueden consultarse con API de GraphQL tienen una estructura jerárquica. Es posible generar relaciones de forma automática entre los objetos que permiten formular (y responder) consultas complejas en una única solicitud.
- **Flexibilidad**: GraphQL permite formular consultas flexibles. Normalmente se requieren pocos reajustes del lado del servidor, aunque el equipo de desarrolladores puede actuar de manera totalmente independiente respecto del equipo responsable del componente cliente. Además, todos los cambios o las ampliaciones de las API se pueden ejecutar sin versionado, ya que, si es necesario añadir campos adicionales, se puede hacer fácilmente sin necesidad de realizar cambios en las consultas por parte del cliente.
- **Esquema fuertemente tipado.** Esta característica es lo que permite definir las operaciones de la API, sus argumentos y sus respuestas. De esta forma, un esquema es un contrato que especifica lo que puede hacer una API. Y no solo eso, su documentación puede ser auto-generada con base en el esquema que define la API. Cada nivel en una consulta GraphQL corresponde a un determinado tipo, y cada tipo describe un conjunto de campos disponibles. No obstante, este sistema de tipos no solo puede determinar automáticamente si una consulta está formulada de manera correcta o incorrecta: como SQL y gracias a la estricta tipificación, GraphQL puede emitir mensajes de error ya durante el desarrollo o el envío de consultas.
- **Versatilidad.** Mientras que REST está orientada a recursos, GraphQL permite definir qué información se desea recibir y en qué formato. Con el lenguaje de consulta de GraphQL, cuando se realiza una solicitud al servidor, se puede definir qué datos se van a recibir en dicha consulta, incluso obtener de una única vez un recurso con determinados datos propios y otros recursos relacionados.
- **Velocidad.** La velocidad de un servicio web dependerá de

muchos factores, como el lenguaje, los servidores donde se ejecute, etc. Pero a priori, gracias a la posibilidad de acceder a un set arbitrario de datos del servicio web, podemos ganar en rendimiento gracias a la disminución del número de consultas al servidor.

- **Manejo de versiones del API.** Otro de los detalles que en situaciones es difícil de gestionar en arquitecturas REST es el versionado del API. Gracias a la definición en el cliente de los juegos de datos a recibir como resultado de las consultas, es indiferente que se agreguen nuevos datos a los modelos, o que se marquen como obsoletos algunos. Por tanto, en el código del servidor no es necesario más que gestionar una versión de la API.
- **Complementa a otras tecnologías.** Usar GraphQL no es excluyente. Podrías perfectamente mezclarlo con un servicio web ya desarrollado, que quizás ya implementa REST, pero donde quieres reducir la complejidad de determinadas peticiones.

La parte más importante de un proyecto con GraphQL **es la definición del Schema** ya que el Schema definirá las operaciones y tipos que expondrá nuestra API. Como vemos a continuación, cambia la filosofía de RESTful y nos olvidamos de endpoints y verbos. Primero definimos los tipos de datos que va a soportar nuestra API. **Este sería nuestro esquema para la parte servidor donde representamos los objetos Book y Author.**

schema.graphql

```
type Book {
   id: ID!
   title: String!
   editorial: String
   author: Author
}
```

```
type Author {
   id: ID!
   name: String!
   books:[Books] # array de objetos del tipo Book
}
```

Una vez definidas los tipos, definiremos las **operaciones** de nuestra API. En nuestro caso definimos un tipo **Query** que nos permite realizar la consulta por identificador de un objeto Book o por identificador de un objeto Author. La consulta recibe como parámetros un identificador y devolverá un objeto de tipo Book o Author.

```
type Query {
   books (id: ID!): Book
   author (id: ID!): Author
}
```

Una consulta se construye de esta forma con un único endpoint y en el body le indicamos la query que queremos realizar.

```
POST /graphql
body{
        "query":"query"{
                books(id:1){
                        title
                        editorial
                        author{
                                name
                        }
                }
        }
```

```
}
```

Para crear recursos disponemos de las **mutaciones**:

```
type Mutation{
	createBook(
		title:String!
		editorial:String!
		authorId:ID
	):Book!
}
```

Desde la parte del cliente se enviaría la siguiente información:

```
mutation{createBook(title:"Title book",editorial:"editorial"){
	id
	title
	editorial
	author{
		id
	}
}
```

En el siguiente repositorio de **GitHub** encontramos una lista de APIs públicas implementadas en GraphQL con las cuáles podemos realizar pruebas **https://github.com/APIs-guru/graphql-apis**

Official APIs

API	Description	GraphiQL	Docs/Repo
AniList	Anime and manga datum, including character, staff, and live airing data.	Try it!	Docs
Artsy	free online platform for collecting and discovering art	Try it!	Repo
Braintree	Payment platform	Try it!	Docs
Buildkite	Continuous integration and deployments	Try it!	Docs
Catalysis Hub	Chemical surface reaction energies and structures	Try it!	Repo Docs
CommerceTools	e-commerce solutions	Try it!	Docs
Contentful	"CMS as a Service". GraphiQL demo allows to query a simple blog, but the library itself generates a schema automatically for any content model you store in Contentful.	Try it!	Docs
Countries	Information about countries, continents, and languages, based on Countries List	Try it!	Repo

1.5.9. API REST vs GraphQL

En primera instancia, cuando hablamos de construir un servicio web basado en APIs se siguen estos enfoques que podríamos considerar **puntos en común** en ambas arquitecturas tanto en API REST como en GraphQL:

- Ocupar un lugar en nuestro servidor para recibir peticiones HTTP por parte de cualquier cliente.
- Ambas tecnologías permiten exponer puntos de entrada para consultar o enviar datos. Tanto el caso de un API REST y GraphQL usan estos conceptos relacionados construyendo así un servicio web donde en ambos escenarios se ve influenciado en cómo nuestro cliente puede realizar consultas o qué es lo que necesita de este servicio.
- JSON es el tipo predeterminado de datos que se intercambian entre un cliente con el servicio.
- Funcionan bajo cualquier lenguaje en el lado del servidor.
- Para frontend tienes libertad de elegir la tecnología que quieras.
- Son Stateless, es decir, no viene implementado un sistema de autentificación, no guardamos ningún dato del cliente, sólo se

limita a recibir correctamente la petición y devolver al cliente el recurso que necesite o modificarlo.

Los siguientes puntos serían aquellos donde ambas arquitecturas tienen **diferencias**:

- **Over Fetching:** Con REST nos encontramos el problema que podemos obtener datos innecesarios. Cada endpoint tiene una estructura fija de datos que nos va a retornar cada vez que hagamos una petición. En muchas ocasiones no necesitamos toda la información y acabamos ignorando muchos de los datos, lo que indica que no estamos siendo eficientes. Este problema hace que consumamos más ancho de banda y tengamos una carga más lenta, en dispositivos móviles le estaremos consumiendo más datos de los necesarios al usuario.
- **Under Fetching:** Under Fetching estaría en el lado opuesto del caso anterior, en que el cliente tiene que hacer peticiones adicionales porque el primer endpoint no ha devuelto la información suficiente. En este caso necesitamos hacer una llamada adicional para traerse la información. En este caso nos encontramos con el problema de N + 1 peticiones y es un problema de rendimiento de API REST y consultas a base de datos.

En estos dos aspectos que acabamos de comentar anteriormente, la principal ventaja de GraphQL sobre API REST es que nos permite solicitar únicamente los campos que necesitamos para evitar los problemas de over fetching y under fetching.

- **Versionado:** Otro gran problema que tiene REST es el versionado. Si necesitamos soportar múltiples versiones de un mismo microservicio esto implica crear nuevos endpoints. Con GraphQL no tenemos la necesidad de versionado, nosotros podemos añadir campos o tipos fácilmente sin modificar o romper las queries existentes. También podemos marcar campos como deprecated para excluirlos de la respuesta.

En los puntos analizados anteriormente GprahQL ofrece ventajas frente a API REST, pero hay otras **características donde una API REST tiene ventaja:**

- **Caché de datos:** REST está implementado sobre HTTP y éste tiene implementado el almacenamiento en caché, de esta forma, el cliente puede usar el almacenamiento en caché para evitar volver a buscar recursos. GraphQL no tiene un mecanismo de almacenamiento en caché lo que deja a los clientes con la responsabilidad de encargarse del almacenamiento en caché.
- **Manejo de errores:** El manejo de errores en REST es sencillo, solo nos basta con mirar los headers de la llamada HTTP para conocer el status de la respuesta. Existen varios códigos de status que cada uno representa un tipo de correcto, redirección y error (2xx, 3xx, 4xx, 5xx). Los servicios RESTful aprovechan los códigos de estado HTTP para diferentes errores que se pueden encontrar, por ejemplo los códigos de error 404 y 500. En GraphQL las respuestas siempre son 200 OK, debes programar que mande un mensaje de error y esperar que el cliente lo lea.

La diferencia principal y más importante es que GraphQL no está tratando con recursos dedicados. Es más, todos los recursos se consideran más bien en su totalidad un conjunto de grafos conectados entre sí. Esto da lugar a que puedes adaptar tu consulta a las necesidades del cliente utilizando el lenguaje de consulta de GraphQL (basado en Schemas) describiendo lo que le gustaría tener como respuesta, así como combinar diferentes entidades (o tipos) en una consulta y qué atributos deben incluirse en la respuesta de cada nivel.

1.6. Conclusiones

Como conclusión podemos decir que, en el caso de desarrollar una solución tecnológica que soporte numerosos procesos de negocio que tienen una dependencia relativa entre ellos debemos optar por una arquitectura basada en microservicios, pues favorece la adaptabilidad.

Las soluciones para problemas de negocio consistentes en multitud de procesos tiene sentido que se implementen mediante una arquitectura basada en microservicios, pues con ello aseguramos la adaptabilidad.

Gracias al uso de una arquitectura basada en microservicios las aplicaciones tienen la capacidad de adaptarse a situaciones de escalabilidad, además de proporcionar la flexibilidad para desarrollar, probar, mantener y desplegar servicios de manera independiente.

El comienzo del desarrollo de una solución tecnológica con microservicios podría partir de un monolito, y mantener siempre la posibilidad de crear otros microservicios alrededor del primero o, incluso, la posibilidad de partir el primero en varios microservicios cuando la complejidad aumenta.

2. Generadores de microservicios

El desarrollo multiplataforma cada vez está más presente hoy en día en el desarrollo de las aplicaciones. Hoy en día, los diferentes proyectos tanto a nivel de frontend como backend tienen a unificar la creación de un proyecto base a modo de plantilla con el que empezar el desarrollo. Hoy en día, el desarrollo de aplicaciones web es mucho más sencillo gracias a los frameworks y los generadores de código que, como herramienta y base de código, ayudan a ahorrar mucho tiempo en el desarrollo de proyectos. Entre las principales herramientas que nos pueden ayudar a generar la base de nuestros proyectos podemos destacar:

- **Yeoman** https://yeoman.io es una herramienta muy útil para generar una base para proyectos que trabajen con **Javascript**.
- **Jhipster** https://www.jhipster.tech es una herramienta muy útil para generar una base para proyectos que trabajen con Javascript a nivel frontend y Java a nivel backend.
- **Atomist** https://docs.atomist.com/quick-start
- **Spring Initializer** https://start.spring.io.Permite configurar un proyecto con Spring Boot.

2.1. Yeoman

Yeoman es una herramienta para hacer scaffolding de un proyecto, es decir podemos construir el esqueleto de nuestra aplicación, es decir su estructura y dependencias necesarias para empezar a desarrollar.

Se trata de una herramienta orientada a mejorar la productividad de los equipos de desarrollo, no solo por el tiempo que nos ahorramos configurando de inicio la aplicación, sino también porque te permite tener que una base sobre la cual guiar el desarrollo.

Para generar una base de carpetas y configuración de nuestro proyecto hace uso de los generadores. Un generador es como una horma que da forma a nuestra aplicación. Los generadores también son dinámicos permitiendo que configuremos ciertos aspectos.

Los generadores disponibles se encuentran en la página oficial del proyecto **http://yeoman.io/generators**, actualmente hay unos 9000 resultados y los más usados están en las primeras posiciones.

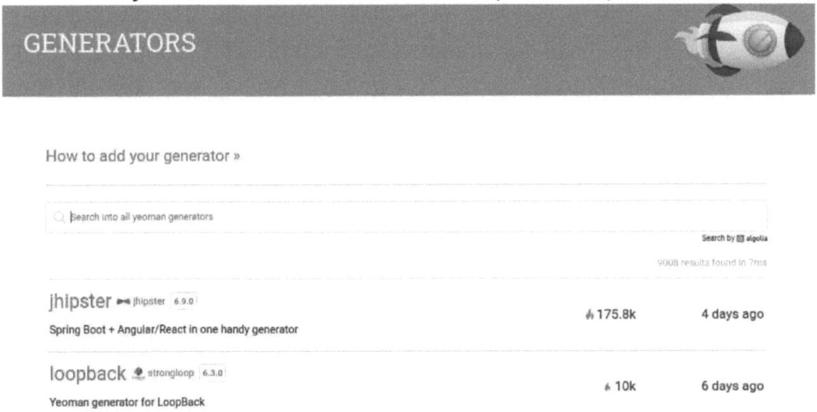

Yeoman utiliza una serie de herramientas de código abierto, por ejemplo para ejecutar las tareas utiliza tanto con **Grunt** como con **Gulp**, además de integra con **Bower** y **npm** para la gestión de dependencias y realiza las configuraciones necesarias para usar diferentes librerías como Sass o requireJS.

Yeoman es un creador de proyectos, de tal forma que evita a los desarrolladores los problemas de crear un proyecto de inicio. Dentro de este creador de proyectos, se introducen las lecciones aprendidas previamente, así como las buenas prácticas de los mismos.

En la práctica podemos definir Yeoman como un «plugin» que se ejecuta dentro de NodeJS por el cual podemos crear proyectos la base de los proyectos web a nivel de front, como pueda ser una SPA (Single Page Application) basada en el framework JavaScript que decidamos utilizar en nuestro desarrollo (ReactJS, AngularJS).

La principal ventaja de la utilización de Yeoman es que podemos estandarizar los proyectos que llevamos desarrollando entre manos. Independientemente de que lo realice un equipo de desarrollo u otro, ambos utilizarán las mismas herramientas y librerías con lo que conseguimos que todo el equipo trabaje con las mismas librerías y versiones de la mismas.

Otra ventaja es la distribución que podemos realizar de las diferentes platanillas en los diferentes proyectos en los que estemos trabajando. Por ejemplo, podríamos crear un repositorio central dentro de la organización para poder tener todos los templates que vamos a utilizar. Otra opción es tener un repositorio npm privado con el objetivo de almacenar las diferentes plantillas que vayamos generando.

Los requisitos mínimos son tener instalado **NodeJS** y **npm**. Para instalar Yeoman podríamos hacerlo que los siguiente comandos:

```
#Instalamos Yeoman y el boilerplate de generadores
npm install -g yo generator-generator
#Generamos un nuevo proyecto de generador
yo generator
```

Esto nos creará un nuevo proyecto con la siguiente estructura de archivos:

- **generators**. Carpeta contenedora con los generadores.
- **generators/app/**. Generador por defecto
- **node_modules/**. Directorio que contiene las librerías y dependencias del generador.
- **package.json.** Fichero que contiene con las dependencias y librerías de nuestro proyecto.

En la página oficial podemos ver la guía de instalación y cómo empezar con esta herramienta:

- **https://yeoman.io/learning/index.html**

2.2. Jhipster

JHipster trata de dar una solución a la generación de una base de código mediante la combinación de algunos de los frameworks más populares de desarrollo frontend y backend. Su proyecto se basa en el código abierto e integra componentes como Spring Boot, AngularJS o Bootstrap, que son imprescindibles a la hora de crear aplicaciones web modernas y aplicaciones basadas en microservicios.

El nombre se inspira principalmente en el concepto mismo del generador de aplicaciones web, y tiene como objetivo unir Java con las herramientas de desarrollo web más populares. Su objetivo es ofrecer a las proyectos un alto grado de productividad durante el desarrollo, al tiempo que se cuida la calidad de la aplicación final desarrollada. El código de JHipster, que se distribuye bajo una licencia Apache 2.0, está disponible de forma abierta en el repositorio **https://github.com/jhipster/generator-jhipster**

2.2.1. Componentes principales de JHipster

JHipster nos ofrece un conjunto de herramientas para desarrollar y diseñar los elementos correspondientes al frontend y también al backend de un proyecto de desarrollo. Por ejemplo, el framework Spring Boot es uno de los más utilizados para obtener un robusto stack de Java del lado del servidor que nos permita conectarnos a varias bases de datos, motores de virtualización y herramientas de logs. Para conectar el frontend con el backend lo más común es utilizar una interfaz REST que podríamos construir con las anotaciones que ofrece Spring. Entre las principales opciones disponibles del lado del **servidor** en JHipster podemos destacar:

- **Bases de datos**: MariaDB, PostgreSQL, Oracle, MySQL, MongoDB
- **Virtualización**: Docker, Kubernetes, AWS
- **Entornos de ejecución de pruebas**: Karma, Cucumber
- **Indexación de documentos**: ElasticSearch
- **Cachés: Ehcache, Infinispan**
- **Sistemas de monitorización:** Prometheus

En cuanto al desarrollo de **frontend**, JHipster se basa principalmente en el framework JavaScript **Angular.js** y en la biblioteca JavaScript **React**. Estos dos componentes pueden combinarse con **Bootstrap** y con la plantilla web alternativa **HTML5 Boilerplate**.

JHipster es un generador de código que nos permite a través de Yeoman generar una aplicación spring-boot donde el front-end es responsive y está implementado con **angularJS** y **Bootstrap**. Para la construcción del proyecto se utilizan varias herramientas como son **Yeoman, Bower, Grunt, Maven, Gradle**.

- https://github.com/jhipster/generator-jhipster

JHipster se caracteriza porque todos sus componentes se han diseñado para ser compatibles entre ellos. Por ello, si quieres programar tu proyecto de desarrollo web en Java, te recomendamos echar un vistazo a esta suite. Con JHipster evitamos muchos obstáculos asociados al desarrollo y, además, conseguimos simplificar y unificar el proceso de programación completo, tanto si se trata del desarrollo de una aplicación desde cero o de las revisiones posteriores y mejoras del código. JHipster pone a nuestro alcance las herramientas de desarrollo que necesitamos y lo hace de una forma fácil y directa para que podamos ahorrar muchísimo tiempo utilizando su colección de frameworks.

JHipster, además, nos permite generar en muy poco tiempo una aplicación web que soporte operaciones CRUD y presenta un código fuente muy bien estructurado. Entre algunas de sus características más útiles, destacamos la gestión de usuarios y la internacionalización.

El objetivo de JHipster es generar una aplicación web completa y moderna utilizando diferentes tecnologías a nivel de backend y frontend. A nivel de **backend** podemos destacar las siguientes:

- Java y Spring Boot.
- Maven o Gradle para realizar el build, ejecutar los test y desplegar la aplicación con diferentes perfiles para desarrollo y producción.
- Spring Security.
- Spring MVC REST + Jackson.
- Spring Data JPA + Bean Validation.
- Elasticsearch si se quiere dar capacidades de búsqueda en la base de datos.
- MongoDB en caso de querer usar bases de datos NoSQL orientada a documentos.
- Cassandra en caso de querer usar bases de datos NoSQL orientada a columnas.

- Apache Kafka en caso de querer usar un sistema de mensajería suscripción-publicación.

A nivel de **frontend** podemos destacar las siguientes tecnologías:

- AngularJS v1.x o Angular v2+.
- Diseño responsive con Bootstrap.
- HTML5 Boilerplate.
- Soporte para internacionalización.
- Bower o Yarn para instalar las dependencias de javascript.
- Procesos de build, optimización y live reload con Gulp.js o Webpack.
- Testing con Karma, PhantomJS y Protractor.

2.2.2. JHipster online

JHipster online se trata de un servicio que nos ofrece la posibilidad de generar una aplicación sin necesidad de instalar la herramienta en su máquina. El servicio se encarga de generar una aplicación completa de JHipster que puedes alojar en una cuenta de GitHub y también puedes descargar en formato ZIP.

- https://start.jhipster.tech/#/

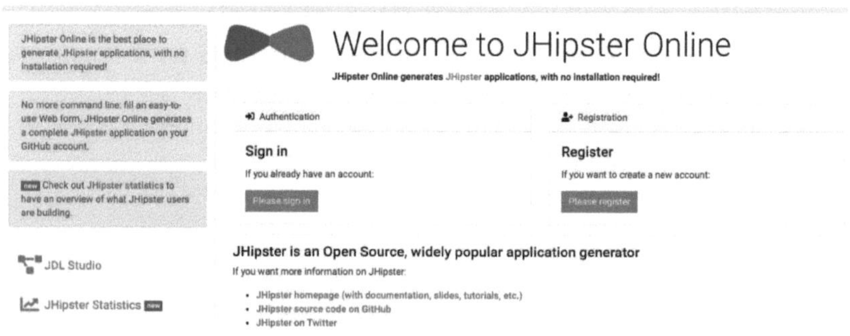

JHipster es una herramienta que a través de Yeoman, ofrece un robusto flujo de trabajo que permite construir una aplicación web con Spring y Angular, ofreciendo herramientas que ayudan a generar código listo para usar a partir de un modelo de datos.

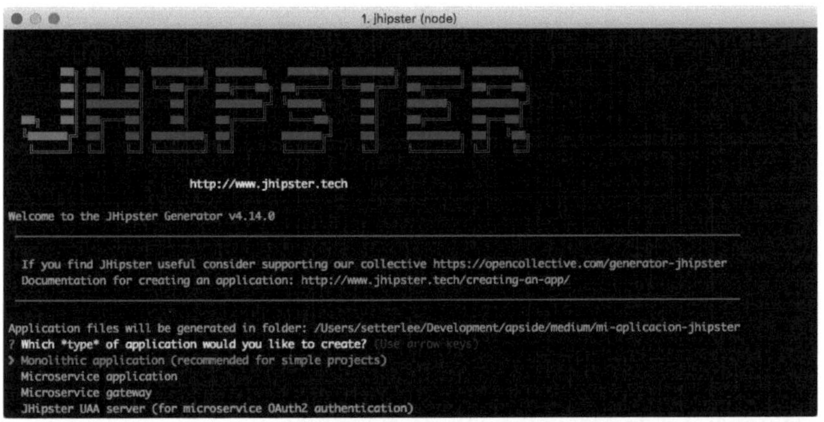

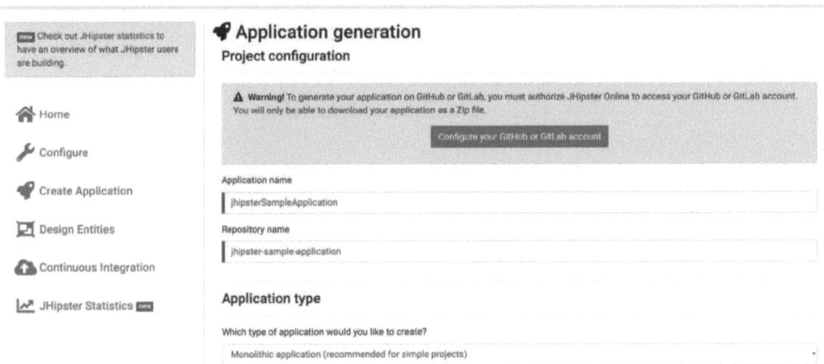

JHipster ofrece la creación de 2 tipos de aplicaciones en su asistente:

- **Aplicaciones monolíticas**: Aplicaciones que se caracterizan por contar con una arquitectura sencilla en donde todo estará en un solo sitio, incluso el contenedor de servlets, Tomcat. Este tipo de aplicaciones son útiles cuando sabemos que el proyecto no está destinado a crecer en complejidad, aunque de igual forma puede crecer pero haciéndola monolítica en una primera fase.
- **Aplicaciones basadas en microservicios**: Las aplicaciones basadas en microservicios cuentan con una arquitectura un poco más compleja en donde se debe contemplar que cada microservicio pueda ofrecer una funcionalidad específica.

Para la creación de la aplicación JHipster te realiza una serie de preguntas para determinar qué tecnologías incluir y qué código ha de generar. Las preguntas son las siguientes:

1. What is the base name of your application?
2. Which type of application would you like to create?
    a. Monolíthic application (by default)
    b. Microservice application
    c. Microservice Gateway
    d. JHipster UAA
3. What is your default Java package name?
4. On which port would like your server to run? It should be unique to avoid port conflicts.
5. Do you want to use the JHipster Registry to configure, monitor and scale your application?
6. Which type of authentication would you like to use?
    a. Session-based authentication mechanism
    b. OAuth 2.0 based authentication
    c. Token-based approach

7. Which type of database would you like to use?
    a. Base de datos SQL
    b. Cassandra
    c. MongoDB
    d. CouchBase
    e. Neo4j
8. Which production database would you like to use?
9. Which development database would you like to use?
    a. H2 storing in memory.
    b. H2 persisting to disk.
    c. The same one you have chosen for your production environment.
10. Do you want to use the Spring cache abstraction?
11. Do you want to use Hibernate 2nd level cache?
12. Would you like to use Maven or Gradle?
13. Which Framework would you like to use for the client?
    a. Angular
    b. React
14. Which testing frameworks would you like to use?
    a. Gatling
    b. Cucumber
    c. Protactor

1. ¿Cuál es el nombre base de su aplicación?
2. ¿Que tipo de aplicación te gustaría crear?
    a. Aplicación monolítica (por defecto)
    b. Aplicación basada en microservicios
    c. Gateway de microservicios
    d. JHipster UAA
3. ¿Cuál es el nombre predeterminado de su paquete Java?
4. ¿En qué puerto desea que se ejecute su servidor? Debe ser

único para evitar conflictos de puertos.

5. ¿Desea usar el Registro JHipster para configurar, monitorear y escalar su aplicación?
6. ¿Qué tipo de autenticación te gustaría usar?
   a. Mecanismo de autenticación basado en sesiones
   b. Autenticación basada en OAuth 2.0
   c. Aproximación basada en tokens
7. ¿Qué tipo de base de datos te gustaría usar?
   a. Base de datos SQL
   b. Cassandra
   c. MongoDB
   d. CouchBase
   e. Neo4j
8. ¿Qué base de datos de producción te gustaría usar?
9. ¿Qué base de datos de desarrollo te gustaría usar?
   a. H2 almacenando en memoria.
   b. H2 persistiendo a disco.
   c. La misma que hayas escogido para tu entorno de producción.
10. ¿Desea usar la abstracción de caché Spring?
11. ¿Quieres usar Hibernate caché de segundo nivel?
12. ¿Te gustaría usar Maven o Gradle?
13. ¿Qué framework le gustaría usar para el cliente?
    a. Angular
    b. React
14. ¿Qué framework de pruebas te gustaría usar?
    a. Gatling
    b. Cucumber
    c. Protactor

Esta versión online ofrece la posibilidad de crear directamente la aplicación en tu cuenta de GitHub y bastaría con hacer checkout del proyecto en nuestro entorno de desarrollo. Una vez importada la aplicación en nuestro IDE y configurada de forma correcta tan solo tendremos que ejecutar la clase anotada con la anotación **@SpringBootApplication** y esperar unos segundos a que el servidor incrustado en Spring Boot haga el despliegue de nuestra aplicación. Una vez finalizado el proceso de inicialización, la aplicación será accesible desde la dirección de localhost en el puerto especificado al crear el proyecto.

```
@SpringBootApplication
@EnableConfigurationProperties({ LiquibaseProperties.class, ApplicationProperties.class })
public class JhipsterSampleApplicationApp {
    private static final Logger log =
LoggerFactory.getLogger(JhipsterSampleApplicationApp.class);

    private final Environment env;

    public JhipsterSampleApplicationApp(Environment env) {
        this.env = env;
    }
```

La aplicación generada incluye de serie funcionalidades como gestión de usuarios, seguridad, gestión de configuración, swagger… Se generan automáticamente pantallas de autenticación, de métricas, de auditoría, de gestión del nivel de log. A continuación, se pueden ver capturas de algunas de esas pantallas, todas ellas generadas de forma automática:

Una vez tenemos el esqueleto de nuestra aplicación, JHipster también nos puede ayudar a generar de forma automática el código y pantallas para la gestión de las operaciones CRUD sobre diferentes entidades. Simplemente nos preguntará qué entidades queremos crear, qué campos tendrán, sus tipos, si son obligatorios y cómo se relacionan. Esto lo podemos hacer desde la línea de comandos o desde otras herramientas para hacerlo de forma gráfica como JHipster UML o JDL Studio.

- https://www.jhipster.tech/jhipster-uml
- https://start.jhipster.tech/jdl-studio

Entre las principales ventajas podemos destacar:

- **Incrementa la velocidad de desarrollo:** nos permite tener en poco tiempo una aplicación que proporciona una funcionalidad básica con las operaciones CRUD sobre entidades con una interfaz gráfica preparada para gestionarlas. Si necesitas desarrollar una aplicación sencilla que sea simplemente eso ya lo tienes resuelto, pero incluso en aplicaciones más complejas que incluyen una gran cantidad de lógica de negocio, estas también necesitan definir recursos e implementar operaciones CRUD sobre los mismos, por lo que JHipster también agilizará tus tiempos de desarrollo en esos casos.
- **Toma de contacto con otras tecnologías**: para el ingeniero back-end puede suponer una toma de contacto con las tecnologías front-end y viceversa fomentando también la creación de ingenieros full-stack. Además en el caso de los ingenieros especializados en back-end esto nos permite incluir fácilmente un front para probar el código desarrollado.
- **Descubrir frameworks y librerías:** aunque no utilices JHipster como tal para generar tu aplicación, puede darte ideas de frameworks y librerías a incluir en la misma para solucionar determinadas necesidades, además de ser un ejemplo de cómo configurarlas.
- **Abstracción de tareas básicas:** de forma similar a como ocurre en otros contextos, como en el mundo PaaS que busca abstraernos de la infraestructura para que nos podamos centrar en el desarrollo, con JHipster podemos abstraernos de

tareas de desarrollo más básicas y repetitivas como creación de CRUDs, integración de librerías y configuración del proyecto y así centrarnos en el desarrollo de la lógica de negocio. Algo similar ocurre con la filosofía de convención sobre configuración de Spring Boot que nos proporciona una configuración básica para poder agilizar la velocidad de desarrollo.

- **Framework de trabajo controlado y de aprendizaje:** JHipster puede ser especialmente beneficioso para los perfiles más junior ya que proporciona un framework de trabajo controlado. Al incluir también patrones de diseño, representa, un buen ejemplo para el aprendizaje de los desarrolladores.

El uso de JHipster tiene también su **desventajas**:

- **Curva de aprendizaje:** en este caso no nos referimos tanto al uso de la herramienta en sí, sino al código generado y los frameworks/librerías. La herramienta como tal no es difícil de usar, pero sí puede llevar tiempo revisar el código generado así como llegar a conocer las diferentes herramientas y librerías que se utilizan, más cuando se entremezclan dos mundos como son el front-end y el back-end. Habrá que tener en cuenta que hay un período de aprendizaje para entender todo el código generado.
- **Mantenimiento de código:** JHipster incluye muchas funcionalidades y librerías que puede que tu aplicación no necesite. Además todo el código generado tendrá que ser mantenido, lo cual puede suponer un sobreesfuerzo. Así mismo este código y configuración siempre pueden generar conflictos con otras herramientas y librerías que quieras añadir.

2.2.3. Conclusiones JHipster

JHipster es una herramienta muy interesante ya sea para utilizarla como tal para generar tus proyectos o a nivel de innovación como toma de contacto con nuevas tecnologías, frameworks y librerías o para entender el funcionamiento interno de un generador de código. Te proporciona un framework de trabajo innovador y de calidad con el que incluir las últimas tecnologías y convertir tu proyecto en un referente técnico.

Jhipster hace uso de una pila tecnológica bastante completa que podéis consultar aquí. Sin embargo, lo más importante que destacaría es que construye una aplicación con Spring Boot y AngularJS o ReactJS. Es decir, nos permite tener la base de una aplicación a la última de una forma bastante sencilla.

2.3. Atomist

Se trata de una herramienta cuyo objetivo es simplificar el proceso de entrega de software. A diferencia de otras soluciones que podemos encontrar en el mercado como Jenkins o Travis CI, Atomist ofrece una **nueva visión de la entrega contínua del software**.

Hoy en día muchas de las empresas tienen los recursos necesarios para implementar su propia solución de entrega contínua, pero para aquellos que no los tengan se trata de una buena alternativa que ofrece un framework y un servicio sobre el cual podemos partir para crear nuestro proyecto y desplegarlo de una forma eficiente.

En ocasiones, los equipos de DevOps suelen tener dificultades con las configuraciones de Jenkins, gastando más tiempo del que les gustaría en configurar archivos YAML o integrando el software de control de versiones (VCS). Esta herramienta trata de mejorar lo que ya aportan herramientas como Jenkins dentro de los procesos

CI/CD, al ofrecer una perspectiva de automatización de entrega de software más general.

Con Atomist Service podemos enviar eventos a través del Atomist Event Hub que estén correlacionados a las aplicaciones que maneja una organización, es lo que se llama implementar una **máquina de entrega de software (SDM)**. Una máquina de entrega de software es el código que está desarrollando, de forma que cuando quiero hacer un nuevo proceso de entrega con atomist, realmente está creando una nueva máquina de entrega de software dentro de su infraestructura.

El proceso de generación de proyectos, que es una de las actividades de desarrollo que ofrece Atomist, consiste en crear una máquina de entrega de software Atomist (SDM) desde la línea de comandos. En lugar de realizar la generación de un proyecto a partir de una plantilla lo que hace es utilizar la base de un proyecto real. Esta tecnología no es específica de ningún lenguaje de programación que pueda implementar.

Otra característica importante que ofrece es la colaboración entre los equipos de desarrollo y los equipos de automatización con el objetivo de permitir que los miembros de los equipos permanezcan en colaboración, en lugar de ceder demasiado control a la máquina a base de automatizaciones.

2.4. Spring initializer

En muchos casos empezar un proyecto que tenga como base Spring boot junto con maven/gradle es más complejo de lo que parece debido principalmente a la gestión de dependencias, versiones de las mismas, sí como dependencias con más de una versión que podrían originar conflictos.

Spring Initializr es una herramienta que nos puede ayudar a generar un proyecto desde cero especificando la configuración y dependencias de nuestro proyecto de forma sencilla y visual a través de una aplicación web.

En la página podemos ver 2 zonas diferenciadas para generar el proyecto. En la primera tenemos las opciones básicas del proyecto y en la segunda donde nos permite añadir dependencias y librerías externas.

- **Project:** Tipo de proyecto Maven o Proyecto Gradle. El artefacto que se va a generar lo hará bien con un archivo pom.xml con su script y archivos para el wrapper de maven, bien con un archivo build.gradle y sus correspondientes archivos para el wrapper de gradle.
- **Language**: Podemos escoger entre Java, Groovy y Kotlin.
- **Spring Boot**: La versión del starter parent de Spring Boot de la que vamos a depender. Aquí nos permiten incluso depender de versiones de desarrollo.
- **Group**: Será el campo groupId en el descriptor de maven y el nombre del paquete base de las clases de nuestra aplicación.
- **Artifact**: Nombre de nuestro artefacto. En maven se va a

convertir en los campos artifactId y name. En gradle irá a parar al campo jar.baseName. Este será además el nombre del archivo zip que se va a generar.

- **Name**: Nombre del paquete base de las clases de la aplicación en caso de que sea diferente a nuestro campo Group.
- **Description**: Va a parar al campo description de nuestro archivo pom.xml. En gradle no tiene efecto.
- **Dependencies**: En la zona de la derecha tenemos un buscador de dependencias que básicamente se corresponden con los starters de spring boot disponibles. El campo funciona haciendo una búsqueda por texto sobre la que se nos van dando sugerencias.

Podríamos querer generar un proyecto de Maven con Java, con unos determinados nombres de Group (Grupo) y Artifact (Artefacto) para la aplicación y seleccionar la dependencia spring web en la sección de dependencias.

Con las opciones por defecto nos generaría un proyecto basado en Maven, lenguaje de programación Java y la última versión de **Spring Boot** estable. Con el botón generate nos genera un zip que contiene el esqueleto del proyecto. Podríamos realizar una previsualización desde el botón explore para ver la estructura de ficheros y carpetas que nos generaría.

También podríamos ver la estructura de paquetes y clases que genera para arrancar nuestra aplicación. En un proyecto basado en Spring Boot tendremos una clase que tendrá la anotación **@SpringBootApplication** que tendrá un método main donde le indicaremos que la aplicación se arrancará con Spring Boot.

Con respecto a las dependencias, podríamos añadirlas con el buscador que ofrece y comprobar que se han añadido al proyecto en el fichero **pom.xml** como podemos ver en la siguiente imagen:

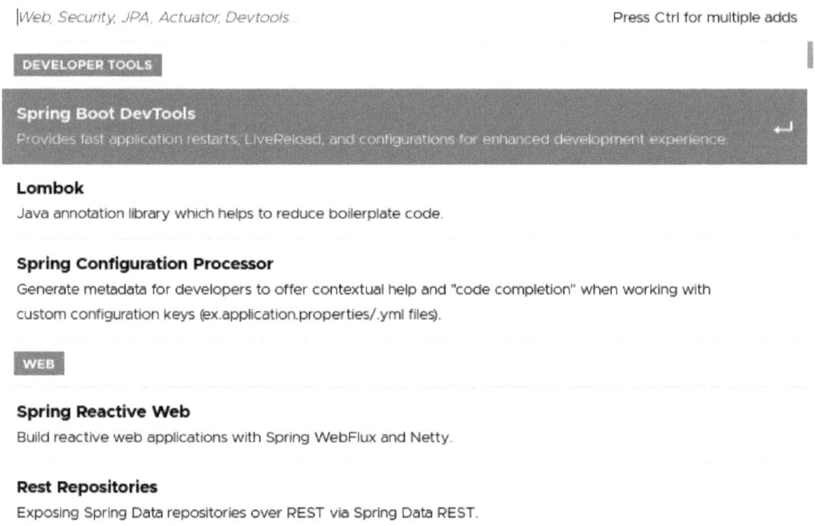

|Web, Security, JPA, Actuator, Devtools... Press Ctrl for multiple adds

DEVELOPER TOOLS

Spring Boot DevTools
Provides fast application restarts, LiveReload, and configurations for enhanced development experience.

Lombok
Java annotation library which helps to reduce boilerplate code.

Spring Configuration Processor
Generate metadata for developers to offer contextual help and "code completion" when working with custom configuration keys (ex.application.properties/.yml files).

WEB

Spring Reactive Web
Build reactive web applications with Spring WebFlux and Netty.

Rest Repositories
Exposing Spring Data repositories over REST via Spring Data REST.

2.5. Conclusiones

Las herramientas de generación de código nos permiten agilizar nuestro flujo de trabajo de forma muy sencilla. Con este tipo de herramientas podremos generar el esqueleto de nuestra aplicación tanto a nivel frontend como backend, así como instalar y actualizar las dependencias que vamos a usar inicialmente.

3. Patrones de diseño

Al trabajar con arquitecturas orientadas a microservicios se pueden observar ciertos patrones y mecanismos para solventar problemas específicos que tienden a repetirse en todas las aplicaciones. El objetivo principal del capítulo es estudiar el uso de algunos patrones de diseño que pueden ser útiles cuando diseñamos arquitecturas orientadas a microservicios.

3.1. Command Query Responsability Segregation (CQRS)

En un sistema de administración de datos típico, todas las operaciones de CRUD (Create, Read, Update, Delete) normalmente se ejecutan en la misma interfaz, utilizando el mismo almacenamiento y modelo de datos para ejecutar todas las operaciones.

Command Query Responsability Segregation (CQRS) es un patrón de diseño arquitectónico en el que tenemos dos subsistemas diferenciados, uno responsable de las operaciones de **actualización de la base datos (creación, actualización y eliminación) llamado Command Model,** y otro responsable de las **lecturas o consultas llamado Query Model.**

Se trata de un patrón que permite separar los modelos que usamos para leer y escribir datos. Proviene del término CQS (Command Query Separation), que se basa en la idea de que podemos dividir las operaciones de un sistema en dos categorías:

- **Queries**: Se traduce como consulta. Devuelven un resultado sin afectar al estado de nuestro sistema.
- **Commands**: Significa comando. Son operaciones que modifican el estado de nuestro sistema.

Con CQRS podemos tener dos objetos distintos para operaciones de lectura y escritura, cuando en otros contextos, podríamos tener estas operaciones en la misma clase.

Esta característica supone la aplicación del principio de única responsabilidad (SRP) que garantiza que estas dos responsabilidades con requisitos tan distintos puedan cumplir con los mismos de forma autónoma.

De esta manera, los sistemas que aplican este diseño, están constituidos por dos subsistemas completamente independientes: el de consultas y el de comandos. Ambos módulos del sistema presentan diseño, modelo de datos y paradigma de persistencia distintos, optimizados para cada necesidad, aunque obviamente deben estar conectados entre sí y esto se realiza mediante sincronización.

El **subsistema de comandos** recibe peticiones de comandos que se validan que sean consistentes con el estado actual del sistema antes de ejecutarlos. Como resultado de la ejecución de un comando, el estado del sistema cambia, y ese cambio se comunica al subsistema de consultas mediante algún mecanismo de sincronización. Por comando entendemos un petición por parte de un usuario o de otro sistema con el objetivo de realizar una operación de negocio, que haga evolucionar el sistema a través de un cambio de estado.

El **subsistema de consultas** recibe los cambios de estado del sistema mediante un mecanismo de sincronización. En algunos casos, el propio mecanismo de sincronización podría proporcionarnos herramientas para definir esta etapa de forma declarativa. Si en el subsistema de consultas usamos una BBDD relacional, podríamos definir un esquema optimizado para las consultas, de forma que estas no necesitan joins, y las sentencias SELECT sean más simples y sencillas de optimizar.

Podemos hablar de CQRS cuando las operaciones de lectura se separan de las operaciones de escritura de datos y se implementan interfaces diferentes para cada una de ellas. En la mayoría de los sistemas CQRS, las operaciones de lectura y escritura utilizan diferentes modelos de datos e incluso podrían ser diferentes almacenes de datos. Esto posibilita que sea más fácil escalar las diferentes operaciones al separar las lecturas de las escrituras.

El usar CQRS nos aporta las siguientes **ventajas**:

- **Ambos subsistemas pueden evolucionar por separado.** Normalmente el ritmo de cambios en la funcionalidad es muy diferente en las consultas (lecturas) y los comandos (escrituras).
- **Ambos sistemas pueden escalar por separado.** Si nuestro negocio es muy intensivo en lecturas, podemos dedicar más máquinas al subsistema de consultas de forma sencilla.
- **Arquitectura modular.** Podríamos construir nuestra una arquitectura de forma modular donde tenemos varios subsistemas de consulta y varios subsistemas de comandos. Cada uno de ellos diseñado, mantenido y desplegado de forma separado del resto. En este punto sería dicha arquitectura nos daría la posibilidad de añadir nuevos subsistemas de comandos o consultas sin tener que parar el resto de subsistemas.
- **Alta escalabilidad** al permite distribuir la aplicación a través de múltiples máquinas físicas y **alta disponibilidad** a nivel de aplicación ya que si se cae un componente el resto del sistema puede seguir funcionando.

CQRS parte de la noción de usar un modelo distinto para actualizar la información de tu sistema del modelo que se usa para leer. Antes de que existiera este enfoque los datos de un sistema se gestionaban en base a una metodología CRUD, donde las acciones posibles sobre los datos de un tipo almacenados son las de crear, leer, actualizar y eliminar registros de una o varias tablas.

Si observamos desde una perspectiva en la que queremos obtener información de distintos elementos con diferentes tipos de registros, vemos cómo esta estructura es difícil de mantener y escalar.

Este es el cambio que introduce CQRS, en vez de ver nuestro sistema como un solo modelo donde se realizan todas las acciones, tenemos dos modelos uno para obtener los datos (**Queries**) y otro modelo para las acciones o actualizaciones de los elementos (**Commands**). Al tener dos modelos separados se puede incluso hacer que ambos estén en distintos sistemas de almacenamiento.

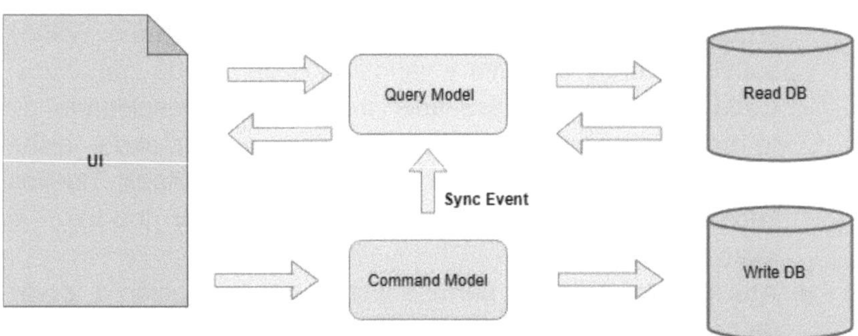

Ambos modelos pueden ser iguales o totalmente diferentes pero lo que si que deben ser entre ellos es consistentes, y esto quiere decir que los datos mostrados al usuario en la interfaz son gestionados por el modelo de consultas (**Queries**), pero si este mismo usuario realiza una acción a través de la interfaz para actualizar el modelo, ésta acción será comunicada al modelo de acciones (**Commands**), donde a su vez una vez terminada la acción deberá ser comunicada al modelo de consultas y a la interfaz.

Al tener modelos de datos separados, éstos se mantienen consistentes, sincronizados y desacoplados gracias a los eventos que además proporcionan el mecanismo para actualizar el modelo de lectura (Query model). Para el modelo de lectura podríamos usar cualquier tecnología, desde JDBC, pasando por sistemas ORM, hasta soluciones NoSQL, ya que la única finalidad de este modelo es pasar los datos a la vista lo más rápido posible.

Como vemos, la complejidad de nuestro sistema a la hora de aplicar CQRS se incrementa, y es por ésto por lo que no es recomendable aplicarla en todos los sistemas. La curva de aprendizaje a la hora de introducir este patrón es nuestras aplicaciones es relativamente alta y requiere cambiar la perspectiva sobre el diseño tradicional. Además de que se requieren mayores requerimientos de la infraestructura al tener que mantener dos modelos, uno para lectura y otro para escritura.

El patrón CQRS se refiere a separar el modelo de datos en lecturas (Query Model) y escrituras (Command Model). La segregación se puede hacer lógicamente o físicamente usando una base de datos distinta para cada modelo. Algunas de sus ventajas se encuentran en optimizar alguno de los modelos:

- **Escalabilidad independiente.** Las consultas pueden traer miles de registros y no necesitan bloquear la base de datos mientras que las actualizaciones y escrituras si lo pueden requerir. Si la separación es física se puede usar una base de datos relacional para escrituras y una documental o de reporte para lecturas.
- **Mantenibilidad**. Es más fácil llevar a cabo cambios y pruebas para dos equipos de desarrollo cuando los modelos están separados. Además sólo las escrituras requieren validaciones de reglas de negocios.

3.1.2. Eventos en CQRS

Cabe destacar que CQRS es un patrón donde los **eventos** son la fuente de cualquier cambio de estado en la aplicación. Como hemos mencionado anteriormente, la ejecución de los comandos, inicia el cambio de estado en el sistema, lo que a su vez producirá una serie de eventos de dominio.

Cuando se necesita que un objeto de dominio procese un comando, el repositorio obtendrá el flujo de eventos relacionados con ese objeto del almacén de eventos. Entonces, se instancia un nuevo objeto y se aplicarán todos los eventos sobre él.

De esta forma, obtendremos el objeto en su estado original y no hará falta proporcionar persistencia para el modelo de dominio. Con esto tenemos la posibilidad de reconstruir el objeto de dominio a su último estado, tan solo aplicando el flujo de eventos sobre él. Este patrón se conoce como **Event Sourcing** donde los eventos se mandan al bus de eventos, y se despachan a cualquier componente interesado.

Event sourcing es un patrón de arquitectura que permite capturar todos los cambios que se pueden producir en nuestra aplicación como una secuencia de eventos. Se trata de una aproximación distinta de la tradicional al concepto de persistencia de una aplicación y está empezando a considerarse cada vez con más frecuencia como una opción interesante en algunos contextos.

3.2. Event Sourcing

Event Sourcing es un patrón de arquitectura que define un enfoque para las operaciones de manipulación de datos. Se trata de un patrón que trata de almacenar todo el estado del sistema como una secuencia ordenada de eventos con el objetivo de tener una trazabilidad de los mismos.

El patrón de arquitectura Event Sourcing se fundamenta en que toda la información del sistema debe estar vinculada a sus estados y debe guardarse como una secuencia ordenada de eventos, siendo un evento el mecanismo que posibilita un cambio de estado del sistema.

La idea es crear una secuencia de eventos, cada uno de los cuales se registra en un store. De esta forma, cada cambio en el estado de la aplicación es capturado en un objeto evento y estos objetos se guardan en la secuencia que han sido aplicados. La principal ventaja que aporta es que podemos garantizar que podemos reconstruir la aplicación desde el principio y llevarla hasta el estado actual o uno anterior.

Este patrón tiene como principal desventaja que aumentará el tiempo de arranque a medida que crece el número de eventos. Cada vez que el sistema tiene que ser reiniciado, debe leer todo el log de eventos y volver a procesarlos para obtener una instancia del modelo de negocio en memoria en el mismo estado que teníamos antes.

Este paradigma rompe con los modelos de datos relacionales y con el patrón ORM ya que no es necesario persistir las entidades ni relacionarlas entre sí ya que bastaría con tener una secuencia ordenada de eventos serializados ya que esto contiene toda la información del sistema. Los tipos de repositorio para almacenar la información que mejor encajan son bases de datos orientadas a documentos como MongoDB o sistemas clave valor como Redis.

Event-Sourcing garantiza que cada cambio en el estado se capture en un objeto de evento y se mantenga. Este modelo ofrece una serie de ventajas que podríamos aplicar en aplicaciones basadas en **Blockchain** entre las que podemos destacar:

- **Reconstrucción completa**: podemos reconstruir el estado de la aplicación volviendo a ejecutar los eventos del registro de eventos en una aplicación vacía.
- **Consulta temporal:** podemos determinar cuáles eran los estados de aplicación en un punto determinado.
- **Recreación del estado:** Un modelo CQRS nos ayuda a definir un conjunto de comandos que almacenaremos en la cadena de bloques y publicaremos nuestros modelos de consulta con una API pública. El almacenamiento de los comandos en la cadena de bloques nos ayudaría a recrear el estado y auditar el caché de estado que un tercero proporciona para saber si es o no válido.
- **Compartir comandos:** Compartir los comandos nos ayuda a que otros sepan rápidamente cómo interactuar con nuestro modelo de dominio a través de una red confiable sin la necesidad de compartir la lógica interna de dicho modelo.

Consiste en almacenar todo el estado del sistema únicamente como una secuencia ordenada de eventos. Por lo tanto si nos decidimos por un mecanismo de sincronización basado en eventos de negocio, el enfoque de Event Sourcing a la persistencia es muy natural. No necesitamos almacenar entidades, ni las relaciones entre ellas, sino serializar una lista de eventos.

El subsistema de consultas que hemos analizado del patrón CQRS sólo va a realizar accesos como el que sigue: «dame todos los eventos sobre pedidos desde el momento X hasta la actualidad por orden cronológico», o «todos los eventos desde el principio».

La principal ventaja de usar los patrones CRQS y Event Sourcing es que encajan perfectamente con una arquitectura moderna que garantice la alta disponibilidad, buenos tiempos de respuesta, seguridad y robustez.

De entre los frameworks existentes que adoptan estos patrones de arquitectura con el objetivo de crear aplicaciones extensibles y mantenibles cabe destacar Axon 4.

- https://axoniq.io/docs/axon-4

3.2.1. Caso de uso CQRS y Event Sourcing

Hasta hace unos años era habitual que las aplicaciones tengan tiempos superiores de respuesta a los estimados y caídas frecuentes. Hoy en día los sistemas deben dar servicio 24/7 y proporcionar en la mayoría de los casos unos óptimos tiempos de respuesta.

Todo sistema que presente la necesidad de soportar una gran carga de usuarios o procesos debe adoptar características como resiliencia, comunicación asíncrona y escalabilidad.
En otras palabras, deben ser sistemas reactivos. Event Sourcing encaja de forma natural en un sistema de estas características:

- A diferencia de los tradicionales CRUD, cuya escalabilidad está muy limitada debido a que toda operación se debe realizar de forma atómica y consistente, con Event Sourcing solo se almacenan eventos lo que propicia un modelo óptimo para una arquitectura basada en eventos, lo que conlleva escalabilidad y responsividad.
- Al tener almacenado cada uno de los eventos que han ocurrido en el sistema se obtiene información de negocio muy valiosa ya que en todo momento se conoce cómo el dominio ha llegado a su estado actual.

La clave está en separar aquellas operaciones de la aplicación relacionadas con la obtención de datos y las que cambian el estado de nuestro dominio, por ejemplo las operaciones encargadas de modificar los datos.

Básicamente, por un lado tenemos las querys, que serán los datos que obtenemos de realizar una consulta en la base de datos y por otra parte tenemos los comandos, que serían las operaciones correspondientes al insert, update y delete.

Imaginemos que tenemos una aplicación donde tiene que aparecer un listado de usuarios. Para ello podríamos tener en nuestro controller la función obtenerUsuarios(). Posteriormente esta función llama al service, el cual tendrá acceso al DAO o Repository para obtener los datos.

En el caso de realizar modificaciones sobre nuestro modelo, podríamos tener en nuestro controller una función llamada actualizarUsuario() que llamará service, y este accederá a un repositorio que acabará publicando un evento en el **Event Bus**. Posteriormente tendremos un **Event Handler** para capturar el evento y persistirlo en la base de datos.

A nivel de base de datos la idea es que podamos utilizar una que sea lo más rápida posible. La mejor opción podría ser optar por una documental (MongoDB, ElasticSearch) ya que las bases de datos orientadas a documentos son bastante más rápidas que las relacionales.

3.3. Patrón Repository

Los repositorios son clases o componentes que encapsulan la lógica requerida para acceder a las distintas fuentes de datos. Centralizan la funcionalidad común de acceso a los datos, mejor mantenibilidad y desacoplando la infraestructura o tecnología usada para acceder a las bases de datos de la capa de dominio.

Básicamente, un repositorio permite obtener datos en memoria que vienen de la base de datos en forma de entidades del dominio. Una vez que las entidades están en memoria pueden ser actualizadas y, posteriormente, almacenadas en la base de datos.

En un microservicio que esté basado en patrones Domain Driven Development, el único canal por el que actualizar la base de datos deben ser los repositorios. Esto es debido a que mantienen una relación uno a uno con la fuente de datos, el cual mantiene la integridad y consistencia.

3.4. Command y Command Handler

El patrón se basa en aceptar o recibir comandos desde la parte del cliente, procesarlos en base a las reglas definidas por el modelo de dominio y, finalmente, almacenar o confirmar los estados a través de transacciones.

Un comando es una petición que ejecutará una acción para cambiar el estado del sistema. Una característica importante de los comandos es que deben ser procesados una vez por un único manejador. Esto es debido a que un comando es una acción o transacción única que se quiere procesar en la aplicación. Por ejemplo, la acción de crear un proyecto solo debe ser procesada una única vez.

En caso de que los comandos sean implementados de una forma idempotente, es decir, tolerantes a reintentos, será el mismo comando el encargado de saber que está siendo ejecutado más de una vez y actuar en consecuencia.

Cuando se habla de la implementación de un comando, se puede ver que es básicamente un objeto que transportará los datos necesarios para su ejecución. Es una clase especial de DTO (Data transfer object – objeto de transferencia de datos), que es específicamente usado para solicitar cambios o transacciones. Como nota importante, el comando incluirá únicamente los datos necesarios para ser procesado.

3.5. Publish/Subscribe

Se trata de un patrón de uso que podemos encontrar dentro de la tipología de arquitecturas orientadas a una gestión de una **cola de mensajes** y es muy utilizado para la comunicación entre aplicaciones.
También se conoce con el nombre de "**publicador/suscripto**r" o "**productor/consumidor**". En este patrón existe un elemento publisher o emisor del mensaje que al generar un dato o mensaje no lo dirige a alguien en concreto, sino que el mensaje se envía de forma indirecta a la "dirección" del subscriber a través de una cola de subscripción.

Este tipo de comunicación basado en Publicador/suscriptor se utiliza sobre todo para la comunicación asíncrona y a nivel de infraestructura requiere de otra pieza que sirve de intermediario (broker) donde se publican los topics.

Para ello se dispone de listas de colas o topics publicados y un conjunto de suscriptores. El emisor del mensaje trata de clasificar el mensaje en base a una tipología o un tema específico y el receptor lo que hace es suscribirse a algunas de las listas de las cuáles tiene interés en recibir mensajes.

En los siguientes diagramas podemos ver algunos **casos de uso relacionados con este patrón** donde un suscriptor puede está asociado a uno o varios topic en concreto. Siguiendo este modelos podemos encontrar las siguientes variaciones:

- **1 topic compartido por n subsciptores.**
- **1 topic propio para cada subscriptor.**
- **n topics propios para cada subscriptor.**
- **n topics propios y m topics de forma compartida por cada subscriptor.**

3.5.1. 1 topic compartido por n subsciptores

En el siguiente diagrama representamos un modelo **Publisher- 1 topic -n suscriptores** donde tenemos un publisher que genera un mensaje y se almacena en un topic. Posteriormente, de este topic tenemos 2 suscriptores que recuperan el mensaje del mismo topic.

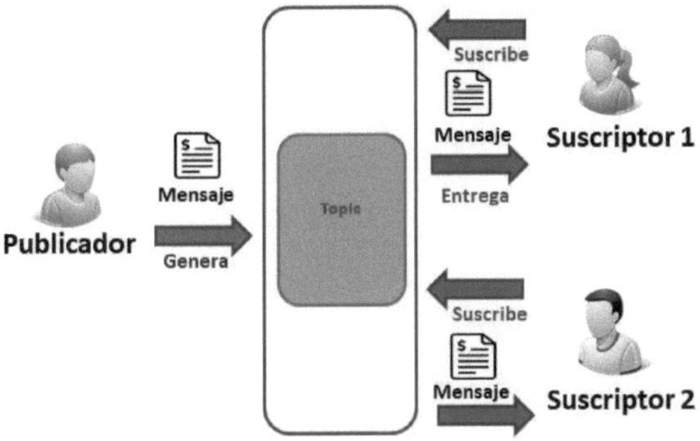

3.5.2. 1 topic propio para cada subscriptor

En el siguiente diagrama representamos un modelo **Publisher-n topics-n suscriptores** donde tenemos un publisher que genera n mensajes y cada mensaje se almacena cada uno en un topic distinto. Posteriormente, para cada topic tenemos 1 suscriptor que recupera el mensaje de forma independiente. En este modelo tenemos la ventaja de que los suscriptores no comparten el topic.

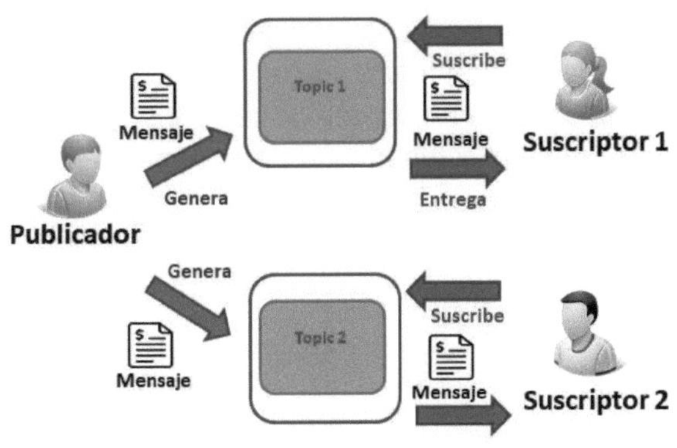

3.5.3. n topics propios para cada subscriptor

En el siguiente diagrama representamos un modelo **Publisher-n topics-n suscriptores** donde tenemos un publisher que genera n mensajes y cada mensaje se puede almacenar en varios topics. Posteriormente, para cada conjunto de topics tenemos 1 suscriptor que recupera el mensaje de forma independiente. En este modelo tenemos la ventaja de que los suscriptores no comparten el topic y cada uno tiene la capacidad de consumir de cada topic de forma independiente.

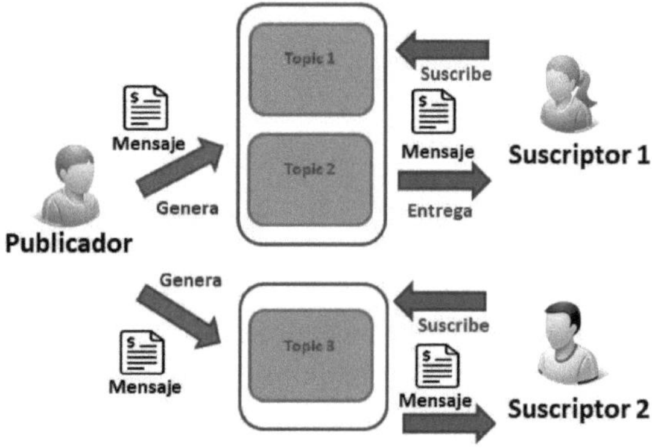

3.5.4. n topics propios y m topics de forma compartida por cada subscriptor

En el siguiente diagrama representamos un modelo **Publisher-n topics-n suscriptores** donde tenemos un publisher que genera n mensajes y cada mensaje se puede almacenar cada uno varios topics. Posteriormente, para cada conjunto de topics podemos tener más de 1 suscriptor. En este modelo tenemos la posibilidad de que los suscriptores pueden compartir un determinado topic o conjunto de topics.

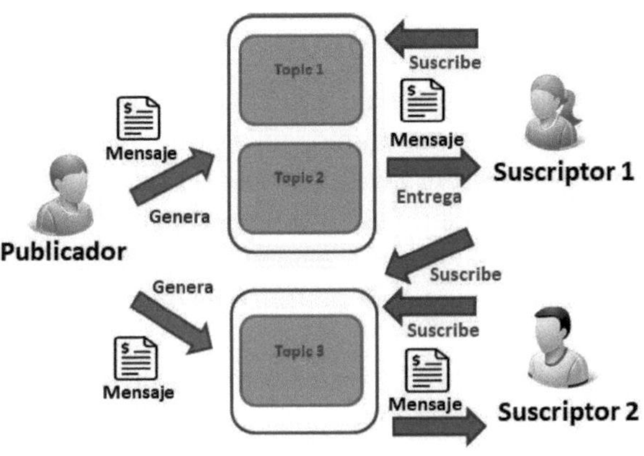
Suscribe
Topic 1
Mensaje
Mensaje
Suscriptor 1
Topic 2
Entrega
Genera
Publicador
Suscribe
Genera
Suscribe
Topic 3
Mensaje
Mensaje
Suscriptor 2

4. Microservicios en Java

Con el fin de simplificar el trabajo con Java, en las últimas décadas se han ido creando diversos frameworks que sirven de base para desarrollar aplicaciones en Java. Uno de los más conocidos es el framework de código abierto Spring, que reduce notablemente la complejidad de la especificación estándar de J2EE, así como del modelo de componentes de los Enterprise JavaBeans ("EJB").

La filosofía de esta arquitectura se apoya en un diseño donde se puedan desplegar servicios independientes y que se comuniquen entre sí. De esta manera se descentraliza la aplicación monolito en pequeños servicios que pueden estar escritos en diferentes lenguajes, con diferentes tecnologías, pero que trabajen juntos para un mismo fin.

Desde entonces, han aparecido diferentes frameworks para adaptarse a esta nueva arquitectura y proporcionan frameworks full-stack para el desarrollo de aplicaciones modulares basadas en microservicios y aplicaciones serverless. Entre los que podemos destacar:

- **Spring Boot** https://spring.io/projects/spring-boot
- **Micronaut** https://micronaut.io
- **Quarkus** https://quarkus.io

4.1. Spring Boot

Spring Boot es una solución para el framework Spring que sigue el principio de **"convención sobre configuración**" y reduce la complejidad del desarrollo de nuevos proyectos basados en Spring.

Para ello, Spring Boot proporciona la estructura básica configurada del proyecto, que incluye las pautas para usar el framework y todas las bibliotecas de terceros relevantes para la aplicación, lo que nos facilita el proceso de comenzar a desarrollarla.

Desde que se lanzó el complemento Spring Boot, que agiliza todavía más la configuración de nuevos proyectos con Spring, el framework ha demostrado ser una opción excelente y fácil de utilizar en los casos en que no queremos comenzar a desarrollar una aplicación J2EE desde cero.

Las características de Spring Boot pueden resumirse de la siguiente manera:

- Incorporación directa de aplicaciones de servidores web/contenedores como Apache Tomcat o Jetty, eliminando la necesidad de incluir archivos WAR (Web Application Archive).
- Simplificación de la configuración de Maven gracias a los POM (Project Object Models) "starter".
- Configuración automática de Spring en la medida de lo posible.
- Características no funcionales, como métricas o configuraciones externalizadas.

Al igual que en cualquier biblioteca Java estándar, en Spring Boot se incluyen los correspondientes archivos JAR (Java Archive) y WAR (Web Application Archive) en el Classpath. Java recurre a esta ruta del sistema de archivos para buscar los archivos ejecutables.

Puedes crear los archivos de almacenamiento de Spring Boot de dos maneras distintas:

- Instalando **Maven o Gradle** para crear un esqueleto del proyecto, incluidas las dependencias necesarias.
- Utilizando el servicio web **Spring Initializr** para establecer la configuración de Spring Boot y descargarla como plantilla de proyecto final.

4.1.2. Spring Initializr

Una característica interesante de Spring Initializr es que proporciona una interfaz web muy fácil de usar para crear los archivos JAR, lo que simplifica considerablemente el proceso. Como Initializr también emplea Maven o Gradle para generar los archivos, el resultado es el mismo que si lo haces de forma manual.

Una vez abierto Spring Initializr, puedes establecer las propiedades de la aplicación que vas a desarrollar con Spring Boot. En primer lugar, indica el sistema de compilación, seleccionando "Maven Project" o "Gradle Project". En la segunda línea, puedes optar por el lenguaje Java clásico o, si lo prefieres, por otro lenguaje de la familia de Java, como Kotlin o Groovy. A continuación, define la versión subyacente de Spring Boot y los metadatos del proyecto (incluida la versión de Java), así como todas las dependencias relevantes (bases de datos, características de seguridad, interfaces web, servicios en la nube, etc.).

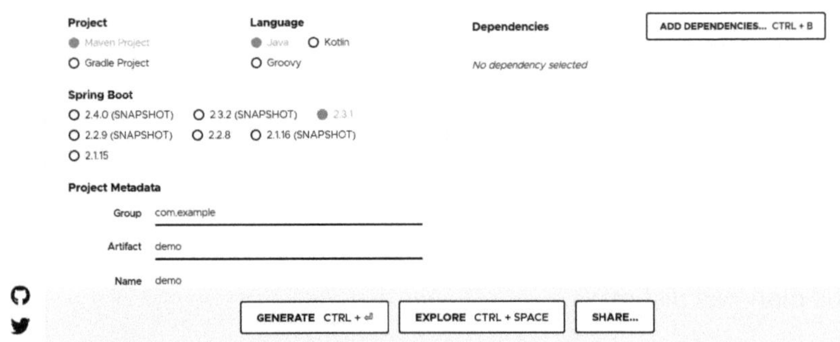

Spring Initializr te ofrecerá la opción de descargar los archivos de proyecto que se acaban de crear. Verás que se encuentran en un archivo ZIP, que deberás descomprimir antes de abrir. La carpeta descomprimida incluye, entre otros componentes, el archivo de configuración build.gradle si seleccionaste Gradle como sistema de compilación o pom.xml si se trata de un proyecto de Maven.

Mediante el correspondiente software de compilación, podríamos crear una aplicacion Spring Boot ejecutable a partir de los archivos disponibles. Para ello, si utilizas Maven,bastaría con ejecutar el siguiente comando para construir el proyecto.

```
$ mvn clean install
```

Maven sigue el principio de convención sobre configuración, por lo que, durante el proceso de compilación, aplica automáticamente configuraciones básicas como el formato de salida JAR.

Para Gradle, el comando es el siguiente:

```
$ gradle clean build
```

En ambos casos, si el comando se ejecuta correctamente, obtendrás el mensaje “BUILD SUCCESS” en cuanto se hayan creado los archivos de almacenamiento. El archivo ejecutable se guarda en la carpeta “target” en el caso de Maven y en la carpeta “build/libs” en el caso de Gradle.

4.1.3. Spring Boot actuators

Los actuators de Spring Boot ofrecen funcionalidades listas para supervisar nuestra aplicación, recopilar métricas y analizar el tráfico y el estado de nuestra base de datos.

Según su propia definición en la documentación de Spring se trata de "una serie de características adicionales que te ayudan a monitorizar y gestionar tu aplicación cuando es desplegada en producción". En esencia spring-boot-actuator nos proporciona por defecto una serie de endpoints en los que poder consultar información relativa a nuestra aplicación.

Para poder usarlos tenemos que añadir la dependencia de Spring Boot Actuator de la siguiente manera en nuestro fichero **pom.xml** del proyecto.

```
<dependency>
<groupId>org.springframework.boot</groupId>
<artifactId>spring-boot-starter-actuator</artifactId>
</dependency>
```

En la documentación oficial de Spring Boot existen muchos endpoints para los actuators que nos pueden ser de ayuda para nuestros entornos. Por resumir algunos de los más importantes:

- **/health**: Muestra información acerca de la salud de nuestra aplicación. Devuelve un simple "estado" si estamos sin autenticar o información mucho más detallada si estamos autenticados en la aplicación.
- **/info**: Muestra información de nuestra aplicación.
- **/metrics**: Muestra la información de métricas de nuestra aplicación.
- **/trace**: Muestra información de seguimiento (por defecto las últimas peticiones HTTP).

Spring Boot Actuator realiza el control del estado a través del endpoint health. A nivel de implementación Spring nos proporciona unos cuantos Health Indicator por defecto que serán auto configurados según las dependencias de nuestro proyecto. Así tenemos Health Indicators para dataSources, disco, colas... además de la posibilidad de implementar el nuestro propio y añadirlo a los demás.

Por ejemplo, en el caso de **/health** tenemos varias opciones para mostrar la información de salud de nuestra aplicación. Si queremos mostrar toda la información de nuestra aplicación sin necesidad de estar autenticado, utilizaremos la siguiente instrucción:

```
endpoints.health.sensitive=*
management.security.enabled=false
```

Por el contrario, si queremos mostrar sólo el estado de salud de nuestra aplicación sin estar autenticado, utilizaremos:

```
endpoints.health.sensitive=false
management.security.enabled=true
```

El endpoint de estado proporcionado por Spring Boot Actuator está vinculado al ciclo de vida de la aplicación y no estará disponible hasta que se inicie la aplicación. Del mismo modo, se inhabilita tan pronto como se detiene la aplicación.

Entre otros, dispone de endpoints para poder consultar el listado de beans definidos en nuestra aplicación, listar los beans de autoconfiguración, listar las rutas que hayamos definido, mostrar el estado de nuestra aplicación. Se puede consultar toda la información de endpoints disponibles en la documentación oficial de Spring Boot por si necesitáramos alguno en especial.

- https://docs.spring.io/spring-boot/docs/current/reference/html/production-ready-endpoints.html

4.2. Micronaut

Las arquitecturas basadas en microservicios son el futuro y los frameworks para su desarrollo cada vez son más. En los últimos años han surgido alternativas a Spring Boot que nos permiten crear nuestros servicios de manera más ágil y sencilla.

Micronaut https://micronaut.io es un framework JVM que nos permite crear nuestras aplicaciones basadas en microservicios de una manera sencilla y rápida. Además de Java, Micronaut permite el uso de otros lenguajes como **Groovy** y **Kotlin**.

Las principales **características** de Micronaut con las siguientes:

- Inyección de dependencias en tiempo de compilación en vez de en ejecución. Esto consigue que el despliegue de las aplicaciones sea muy rápido y un uso bajo de memoria.
- Desarrollo rápido y sencillo de microservicios, basándose en anotaciones al igual que Spring MVC.
- Programación reactiva a través de **RxJava** y **ProjectReactor**.
    - https://github.com/ReactiveX/RxJava
    - https://projectreactor.io
- Framework ideal para el desarrollo de aplicaciones cloud nativas, ya que soporta el uso de herramientas para el descubrimiento de servicios, como Eureka y Consul, y sistemas distribuidos como Zipkin y Jaeger.
    - https://github.com/Netflix/eureka
    - https://www.consul.io
    - https://zipkin.io
    - https://www.jaegertracing.io
- Crear tests para los servicios y clientes implementados de manera rápida y sencilla.

Micronaut proporciona un servidor y cliente HTTP además de soportar microservicios reactive y non-blocking al estar basado en **Netty** https://netty.io. Además de reducir el tiempo de arranque y el consumo de memoria, estos indicadores no crecen linealmente con el número de líneas de código porque toda la inyección de dependencias, AOP y generación de proxies ocurre en tiempo de compilación.

El manejo de toda la información en el tiempo de compilación es un soporte fundamental tanto para Groovy, como para Kotlin y Java, ya que le permite a los desarrolladores tener mayores opciones a la hora de construir aplicaciones basadas en microservicios, puesto que los anotaciones se crean en tiempo de compilación, resultando en ser uno de los frameworks más rápidos.

Por otra parte, en cuanto al código, este es bastante similar al código de Spring Boot con Spring Cloud habilitado. También utiliza una inyección de dependencias interna inspirada en Spring, así mismo las API de Micronaut se encuentran basadas en Spring y en Grails.

Cumple con el manifiesto Twelve-Factor **https://12factor.net**, el cual indica los puntos fundamentales que debe cumplir el desarrollo de una aplicación para ser desplegada y distribuida como un servicio.

Micronaut ofrece una gran cantidad de opciones y características pensadas en microservicios destacando las siguientes:

- **Soporte de funciones en AWS Lambda**. AWS Lambda ejecuta el código sólo cuando es necesario y escala automáticamente, desde unas pocas solicitudes por día hasta miles por segundo.
- **Soporte de service discovery:** con soporte para diferentes herramientas de auto descubrimiento y configuración de

servicios como **Consul** https://www.consul.io y **Netflix Eureka** https://github.com/Netflix/eureka que se utilizan principalmente en los servicios cloud para descubrir servicios con el objetivo de balancear la carga.

- **Soporte para Jaeger y Zipkin para trazabilidad** a través de la API Open Tracing.
- **Circuit Breaker con soporte de Retry.**
- **Cliente HTTP con Load-Balancing**.
- **Soporte para Spring Data**, facilitando el uso de tecnologías de acceso a datos, bases de datos relacionales y no relacionales y servicios de datos basados en la nube.

4.2.1. Inyección de dependencias e Inversión de Control

Micronaut define un contenedor de inversión de control, en el que se tendrán disponibles los distintos beans que se definan. Por defecto, todos los beans se crean de forma lazy, es decir, cuando se van a usar por primera vez es cuando se completan todas las dependencias asociadas. Esto hace que los despliegues también se vean favorecidos por este hecho y los tiempos se reduzcan al mínimo.

- **@Singleton**: indica que únicamente existirá una instancia.
- **@Context**: este bean deberá crearse al mismo tiempo que el ApplicationContext correspondiente.
- **@Prototype**: se creará una nueva instancia del bean cada vez que sea necesario inyectar para resolver una dependencia.
- **@Infraestructure**: indica que este bean no podrá ser reemplazado.
- **@ThreadLocal**: se asocia el bean por thread a través de un ThreadLoc.
- **@Refreshable:** permite actualizar el estado del bean a través del endpoint /refresh.

Para resolver la inyección de dependencias, adopta un camino distinto al de Spring. Mientras Spring define una serie de proxies en memoria que resuelven el problema en tiempo de ejecución, Micronaut lo resuelve en tiempo de compilación. Esta aproximación, hace que en tiempo de ejecución no se invierta tiempo en construir los objetos. Paralelamente, también ofrece un mecanismo para acceder directamente al contenedor de beans y recuperar el que nos interese en este momento, pero esta segunda opción ya estaría resolviendo dicha dependencia en tiempo de ejecución y sería algo más lenta.

También define un mecanismo para seleccionar un bean concreto cuando tenemos disponibles varias instancias utilizando las anotaciones **@Qualifier** y **@Named** para sugerir al motor de IoC que inyecte la instancia que nos interese.

Como hemos comentado anteriormente, para hacer más rápida la ejecución, la IoC se realiza en tiempo de compilación, en vez de generar proxies. Este detalle, hace que los tiempos de ejecución se reduzcan drásticamente porque no hay que inferir ningún comportamiento en tiempo de ejecución.

4.2.2. Autoconfiguración en Micronaut

En este punto, Micronaut se ha inspirado en Spring hasta el punto que asume una colección importante de properties que ya tienen un valor por defecto. Con esto consigue proporcionar una configuración del microservicio bastante estable y robusta que cubre el 95% de los casos que puedan darse, pero dejando una puerta abierta para que podamos modificar y configurar a nuestra elección, en caso de que así lo necesitemos.

Además de la redefinición de propiedades de nuestro entorno, Micronaut define un mecanismo muy sencillo para sobreescribir beans enteros. Define una anotación **@Replace** que hace justo esto: reemplazar el bean indicado por el bean que se esté definiendo en la clase que anota.

4.2.3. Descubrimiento de servicios

También ofrece mecanismos que permiten interactuar con distintos componentes típicos de una arquitectura orientada a microservicios. Con una anotación @Require se puede definir que valores de configuración puede utilizar en función del entorno que se desee. En este caso, los valores que utilizará serán configuraciones que tendrá accesibles de forma local. En el caso de que esta configuración esté custodiada por Consul, únicamente tendremos que indicar en nuestro fichero de configuración local la dirección y el puerto donde está disponible dicho servidor Consul.

Uno de los valores que viene preconfigurado es el puerto en el que escuchará nuestro microservicio, y curiosamente lo define de forma aleatoria. Este comportamiento tiene todo el sentido del mundo dado que asume que existirá un Service Discovery disponible. Lo interesante en este caso es que nuestro microservicio se presente al discovery en el arranque y que sea este servicio el encargado de indicar a los clientes donde está físicamente la instancia.

Podríamos configurar nuestro microservicio de Micronaut para que se registre en algún Service Discovery como pueden ser Eureka, Consul o ZooKeeper. La configuración se reduce a definir unas properties indicando la url donde esté disponible el discovery, por ejemplo en el caso de **eureka**:

```
eureka:
  client:
    registration:
      enabled: true
    defaultZone: "${EUREKA_HOST:localhost}:$
{EUREKA_PORT:8761}"
```

Si usamos **Consul** la configuración podría ser:

```
consul:
  client:
    registration:
      enabled: true
    defaultZone: "${CONSUL_HOST:localhost}:$
{CONSUL_PORT:8500}"
```

Micronaut por defecto implementa una política de Round-Robin en el lado cliente para balancear la carga entre las distintas instancias que estén registradas en el Service discovery. Este balanceo se hace utilizando Netflix Ribbon de tal forma que Micronaut únicamente necesita conocer un par de propiedades para poder definir cada cuanto tiempo tiene que comprobar la lista de microservicios disponibles y ver a cual encaminar las peticiones.

4.2.4. Trazabilidad de las peticiones

Cuando decidimos implementar una arquitectura basada en microservicios, un problema muy interesante es el de cómo se trazan las peticiones a lo largo de los microservicios.

Para ello, es buena idea aplicar las soluciones propuestas respecto a Distributed tracing. Y otra vez, con Micronaut podemos integrar de forma muy sencilla tanto Zipkin como Jaeger. Todo se reduce a utilizar las anotaciones que nos ofrece el framework:

- **@NewSpan**: creará un nuevo span envolviendo al método de llamada o al tipo reactivo.
- **@ContinueSpan**: continuará con un span existente.
- **@SpanTag:** esta anotación se usa en los argumentos de los métodos, de tal forma que se incluya el valor de dicho argumento dentro de la etiqueta span.

La forma de elegir entre Zipkin o Jaeger vuelve a ser similar a como elegíamos los discovery servers: a través de una property de configuración y añadir la dependencia correspondiente en nuestro pom.xml o gradle.properties.

4.2.5. Circuit breaker

Nuevamente, Micronaut da una solución para integrar otro de los patrones que se suelen definir en una arquitectura de microservicios. En este caso, la forma que tiene de facilitar el patrón Circuit Breaker es definiendo una serie de anotaciones.

Esta funcionalidad ofrece opciones para reintentar las peticiones una serie de veces o cada x tiempo antes de fallar directamente. Además, ofrece la posibilidad de integrar Netflix-Hystrix para dar un comportamiento controlado cuando se decida "abrir el circuito".

4.3. Quarkus

Durante años, la arquitectura cliente-servidor ha sido el estándar de facto para crear aplicaciones. En los últimos años han surgido una nueva gama de aplicaciones y estilos de arquitectura que afecta la forma en que se escribe el código y cómo se implementan y ejecutan las aplicaciones. Los microservicios HTTP, las aplicaciones reactivas, los microservicios basados en eventos y los arquitecturas serverless son ahora la base para el desarrollo de aplicaciones modernas.

Con la llegada de los microservicios como nueva arquitectura de aplicaciones ha habido un cambio en el uso de los diferentes frameworks. En el contexto cloud, Mobile, IoT, contenedores, programación reactiva, Funcion-as-a-Service (Faas), aplicaciones nativas en la nube, se demanda un menor consumo de memoria y CPU, así como tiempo de arranque menores si los comparamos con los tiempos de arranque de una aplicación clásica basada en microservicios.

Quarkus ha sido diseñado con este nuevo paradigma de aplicaciones en mente donde el modelo de desarrollo de Quarkus se transforma para adaptarse al tipo de aplicación que está desarrollando.

La idea de Quarkus consiste en eliminar la parte dinámica de Java relacionada con reflexión e inversión de control para la inyección de dependencias en tiempo de ejecución. Toda la flexibilidad que proporcionan estas características de las aplicaciones empresariales ya no es necesaria una vez que se despliega en un contenedor.

En el caso de Quarkus, Red Hat ha optado por utilizar librerías y estándares como puede ser Eclipse MicroProfile, JPA/Hibernate, JAX-RS/RESTEasy, Eclipse Vert.x y Netty para construir este framework.

Quarkus ofrece un tiempo de arranque más rápido y menor consumo de memoria. Esto lo hace ideal para contenedores y cargas de trabajo sin servidor. Gracias a su tiempo de arranque y al bajo uso de memoria, puede implementar funciones usando Quarkus para usar en entornos serverless como AWS Lambda.

Quarkus generalmente lleva a **Enterprise Java Cloud-Native** al siguiente nivel y permite agilizar los tiempos de arranque de la aplicación si lo comparamos con una aplicación basada en Spring boot.

Podemos ejecutar un proyecto de ejemplo desde el sitio web de katacoda:

- https://www.katacoda.com/openshift/courses/middleware/middleware-quarkus/getting-started

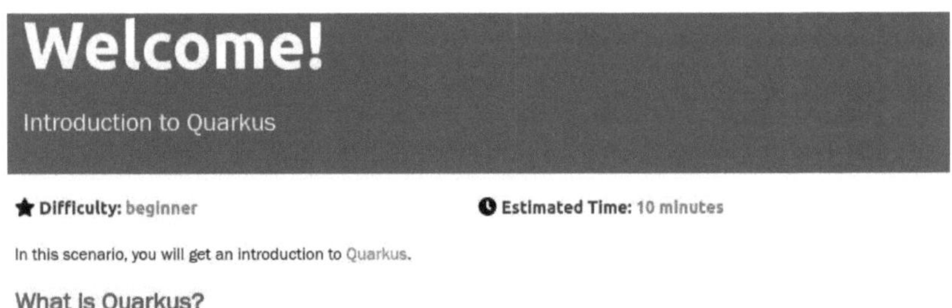

Supersonic, Subatomic Java

En primera instancia creamos el proyecto de quarkus con el plugin de maven:

Posteriormente construímos el proyecto:

Una de las características interesante que ofrece quarkus es la posibilidad de realizar live reloading del proyecto, de forma que cada vez que hagas un cambio en el proyecto, estos cambios se ven reflejados en vivo sin necesidad de volver a compilar

El comando **mvn compile quarkus: dev** ejecuta Quarkus en modo de desarrollo. Esto permite la recarga en vivo con la compilación en segundo plano, lo que significa que cuando modifica sus archivos Java sus archivos de recursos y actualiza su navegador, estos cambios surtirán efecto automáticamente.

4.4. GraalVM

GraalVM https://www.graalvm.org es una máquina virtual de java open-source creada por Oracle que ejecutar aplicaciones escritas en JavaScript, Python, Ruby, R, lenguajes JVM como Java, Scala, Groovy, Kotlin, Clojure y otros lenguajes basados en LLVM como C y C++. GraalVM consta de 2 versiones, la Community y la Enterprise.

Dicha máquina virtual hace posible la compilación anticipada (AOT) que utilizan Micronaut y Quarkus, convirtiendo el código de bytes en código de máquina nativo, lo que resulta en un binario que se puede ejecutar de forma nativa. Entre sus principales características podemos destacar:

- **Interoperabilidad entre lenguajes en un entorno compartido**. Por ejemplo sobre Java podemos ejecutar Javascript, R, Python.
- **Soporte a imágenes nativas.** Las imágenes nativas compiladas con GraalVM reducen el tiempo de arranque y el consumo de memoria de las aplicaciones basadas en JVM. Esto es especialmente interesante en el ámbito de los microservicios donde muchos frameworks como Micronaut dan soporte a esta tecnología.
    - https://www.graalvm.org/docs/reference-manual/native-image
- **Spring da soporte a las imágenes nativas GraalVM** a partir de su versión 5.1. En GitHub disponemos de un proyecto para ejecutar aplicaciones Spring Boot como imágenes nativas GraalVM.
    - https://github.com/spring-projects-experimental/spring-graal-native
- **Embebible**: GraalVM puede embeberse en aplicaciones gestionadas y nativas, puede integrarse con el OpenJDK y la base de datos Oracle. https://www.graalvm.org/docs/reference-manual/embed

Las mejoras en tiempo de ejecución proporcionadas por GraalVM están basadas en AOT (ahead-of-time), es decir, adelantar la creación de objetos antes del arranque de la aplicación. Normalmente, la compilación que se realiza con el compilador de Java es JIT (just-in-time), es decir, delega la creación de todos los objetos del contexto en el momento de arranque.

Durante el proceso de generación de la imagen nativa, se hace un análisis estático de aquellas clases y métodos que serán tenidos en cuenta para la compilación AOT. Esto implica que, por ahora, también nos encontremos con alguna limitación como el hecho de que no está soportada la carga dinámica de clases (dynamic class loading).

5. Programación reactiva

Un sistema reactivo es un estilo arquitectónico que permite que varias aplicaciones se fusionen como si fueran una sola, permitiendo el escalado automático tanto horizontal como vertical, el balanceo de carga y la tolerancia a fallos.

La programación reactiva es un paradigma de programación asíncrono que se ocupa de los flujos de información o streams de datos y sigue el **patrón de diseño Observer**. De esta forma, se tiene un Publisher y uno o más Suscriptores que reciben notificaciones cuando el Publisher emite nuevos datos. En la programación reactiva, el **Publisher** es el que se encarga de emitir el flujo de datos y propaga el cambio (notifica) a los **Subscribers**.

Por lo tanto, podemos decir que la programación reactiva se basa en 3 conceptos clave:

- **Publisher**: También llamados Observables. Estos objetos son los que emiten el flujo de datos.
- **Subscriber**: También llamados Observers. Estos objetos son a los que se les notifican los cambios en el flujo de datos que emite el Publisher
- **Schedulers**: Es el componente que administra la concurrencia. Se encarga de indicarle a los Publishers y Suscriptores en qué thread deben ejecutarse.

La característica principal de la programación reactiva es que no bloquea ningún recurso y se maneja siempre a través de eventos asíncronos que requieren de pocos hilos para escalar. En el concepto de programación reactiva se manejan flujos de datos asíncronos entre productores de datos y consumidores de datos en donde ambos necesitan reaccionar a esos datos de forma que no bloqueen los recursos.

Al utilizar un enfoque de E/S asíncrona, permite reducir el uso ineficiente de recursos donde los nuevos datos se notifican a los clientes en vez de tener que solicitarlos, liberando de esta forma al cliente para ejecutar otras tareas mientras espera nuevas notificaciones.

5.1. Ventajas de las arquitecturas reactivas

Las arquitecturas reactivas proponen que los sistemas construidos son más flexibles, con bajo acoplamiento y escalables. Esto los hace más fáciles de desarrollar y susceptibles de cambiar.

La motivación detrás de este nuevo paradigma procede de la necesidad de responder a las limitaciones de escalado presentes en los modelos de desarrollo actuales, que se caracterizan por su desaprovechamiento del uso de la CPU debido al I/O, el sobreuso de memoria (enormes thread pools) y la ineficiencia de las interacciones bloqueantes en llamadas entre componentes.

La principal ventaja que aportan las aplicaciones construidas con arquitecturas reactivas está en que son más flexibles a los cambios y más fáciles de desarrollar.

5.2. Streams en programación reactiva

Para entender la programación reactiva, debemos entender lo que son los streams. Podríamos decir que un stream es un tipo de colección, al igual que un array o un string, en este caso, de eventos o elementos futuros. Un stream representa los datos y los eventos manejados durante el ciclo de vida de nuestra aplicación, pueden ser representados como una secuencia de datos a través del tiempo. De esta forma, nuestros programas son reactivos cuando reaccionamos a cada uno de estos cambios. Un stream puede provenir de múltiples fuentes, como por ejemplo:

- Eventos del DOM(Document Object Model).
- Peticiones HTTP.
- WebSockets.
- Lectura o escritura de ficheros.
- Llamadas a base de datos.

La propagación de cambio se refiere a cómo notificamos a una parte de nuestro programa que alguna de sus dependencias ha cambiado (o que algún evento ha sucedido) y que por lo tanto debería reaccionar adecuadamente. En los sistemas reactivos la relación entre el emisor de cambio y quien reacciona a dicho cambio tiene una constitución distinta a la de los sistemas no reactivos.

5.3. Manifiesto reactivo

La programación reactiva es un paradigma enfocado en el trabajo con flujos de datos de manera **asíncrona**. Su evolución ha estado ligada a la publicación del manifiesto reactivo http://www.reactivemanifesto.org que define una serie de características que definen a los sistemas reactivos.

- **Responsivos.** Los sistemas responsivos se centran en proporcionar tiempos de respuesta rápidos con el objetivo de obtener una mejor calidad de servicio. Este comportamiento, simplifica el manejo de errores, generando un mejor feedback en el usuario final y fomentando una mayor interacción.
- **Resilientes.** La resiliencia permite a los sistemas que cada componente sea independiente del resto, asegurando de esta forma que partes del sistema pueden fallar y recuperarse sin comprometer el sistema en su conjunto. El sistema tiene que seguir funcionando en caso de errores, es decir, la aplicación tiene que estar diseñada para tratar con errores y seguir funcionando correctamente aunque ocurran.

- **Elásticos.** Los sistemas reactivos pueden reaccionar a los cambios en la velocidad de entrada aumentando o disminuyendo los recursos asignados al servicio de estas entradas. De esta forma el sistema mantiene la capacidad de respuesta bajo una carga de trabajo variable.
- **Orientados a mensajes**: Los sistemas reactivos minimizan el acoplamiento entre componentes al establecer interacciones basadas en el intercambio de mensajes de manera asíncrona. Los componentes de un sistema reactivo tienen que interactuar mediante mensajes asíncronos, tanto entre ellos como entre componentes de terceros.

5.4. Reactive eXtensions (RX)

Reactive eXtensions (RX) **http://reactivex.io** es un conjunto de librería para componer aplicaciones asíncronas y basadas en eventos usando secuencias observables. Las extensiones reactivas son multiplataforma y están disponibles en diferentes lenguajes que podemos consultar en la siguiente url **http://reactivex.io/languages.html.**

Es un API para trabajar con flujos observables de datos de forma asíncrona que combina ideas del patrón **Observer**, también conocido como publish/subscribe o event listener, del patrón **Iterable** y de la **programación funcional**.

Este tipo de librerías lo que hacen es crear y consumir flujos o streams de datos. De forma que siguiendo ciertos patrones podemos construir aplicaciones cuyo objetivo sea emitir un evento y posteriormente desde otra aplicación consumir dicha información de forma totalmente asíncrona y sin bloqueos por parte del runtime del lenguaje que estemos utilizando.

En el contexto de Rx los flujos de datos se conocen como **Observables** y quienes están atentos de ellos son los **Observadores**. Además propone operadores que permiten componer secuencias de forma declarativa; mientras abstrae el subprocesamiento de bajo nivel como el threading, sincronización, seguridad de subprocesos, estructuras de datos concurrentes y E/S no bloqueante.

En Rx los observables o los flujos de datos tienen como principal objetivo el de aceptar las suscripciones que reciben. Mientras que los observadores tienen que estar pendientes de reaccionar al siguiente valor provisto por el flujo, reaccionar cuando el flujo le informe que se ha completado y por último, reaccionar a un error ocurrido dentro del flujo.

- **Observables**. Los Observables conforman la manera de ReactiveX de implementar la programación asíncrona. Una Observable emite objetos similares y un Observador se suscribe a ellos y reacciona a los eventos en una forma que no los bloquea. Y así sigue, como una reacción en cadena.
- **Planificador (Scheduler)**. La forma de manejar el multihilo y el Observable, brindando instrucciones a los Observables y a los operadores con los que ellos se conectan.
- **Multiplataforma**. Rx es una especificación que no depende de ningún lenguaje ni plataforma. Las implementaciones están disponibles en diferentes lenguajes como Java, JS, Scala, Ruby, Python, C#, .NET.

De manera simple, en la programación Rx, los flujos de datos emitidos por un componente y la estructura subyacente proporcionada por las librerías Rx, permite propagar esos cambios a otro componente que esté registrado para recibir esos cambios de datos. Veamos qué necesitamos de una librería que manejara todo el proceso asíncrono:

- **Ejecución**: si comenzamos la ejecución de un montón de trabajo en un nuevo hilo, deberíamos poder controlarlo. Si se va a realizar alguna tarea en segundo plano, reunir la información y prepararla. Tan pronto como esté lista, se puede iniciar la tarea de background.
- **Fácil administración de subprocesos:** en los procesos asincrónicos, la administración de subprocesos es clave. A menudo necesitamos actualizar la UI en el hilo principal desde el hilo de background, en mitad de la tarea o al final de la misma. Para eso, necesitamos pasar nuestro trabajo de un hilo (hilo de background) a otro hilo (hilo principal). Por lo tanto, debería poder cambiar el hilo fácilmente y pasar el trabajo a otro hilo cuando sea necesario.
- **Observable:** Los Observables son las secuencias de datos.Básicamente emiten los datos periódicamente o solo una vez en su ciclo de vida en función de sus configuraciones. Se puede pensar en los observables como proveedores que procesan y suministran los datos a otros componentes.
- **Observadores**: los observadores consumen la secuencia de datos emitida por el observable. Cada vez que el observable emite los datos, todo observador registrado recibe los datos en la devolución de llamada onNext(). Aquí pueden realizar varias operaciones, como analizar la respuesta JSON o actualizar la interfaz de usuario.
- **Schedulers:** Cuando trabajamos con programación asincrónica necesitamos un administrador de subprocesos o scheduler. Son el componente que le indican a los observables y observadores, en qué hilo deben ejecutarse.

5.4.1. Observables en RX

El tipo observable es el eje central de Rx que representa la idea de una colección de valores o eventos futuros. Los valores o eventos se emiten en orden, de la forma forma que tenemos en el patrón iterator.

En lugar de que sean los objetos que lo consumen los que solicitan el siguiente elemento, es el propio observable el que “empuja” los siguientes elementos a los objetos suscritos, a medida que estos están disponibles, tal como sucedía en el subject del patrón observer. Entre las principales características podemos destacar:

- Proporcionan soporte para enviar mensajes entre publishers y subscribers.
- Ofrecen beneficios significativos sobre otras técnicas a la hora de trabajar con eventos y manejar la asincronía.
- Los observables son lazy (perezosos). No comienzan a emitir datos hasta que te suscribes a ellos.
- Al igual que los iteradores, un observable puede indicar cuándo se completa la secuencia.
- Nos permiten declarar cómo reaccionar a una secuencia de elementos, en lugar de tener que reaccionar a los elementos de forma individual.

Subscription representa la ejecución de un observable. Como hemos comentado, los observables son lazy, por lo tanto, hasta que no nos suscribimos a ellos, no comienzan a emitir valores. Los suscriptores tienen que implementar la interfaz de observador.

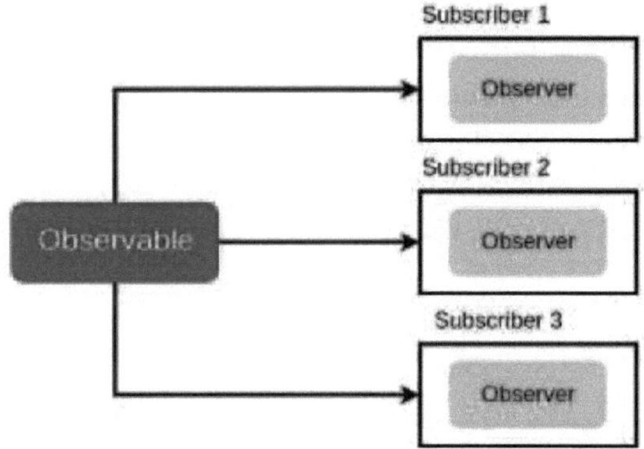

Observer es un objeto que sabe reaccionar a los valores entregados por el observable. Para ello implementa la interfaz de observador. Dicha interfaz contiene los métodos **next**(), **error**() y **complete**().

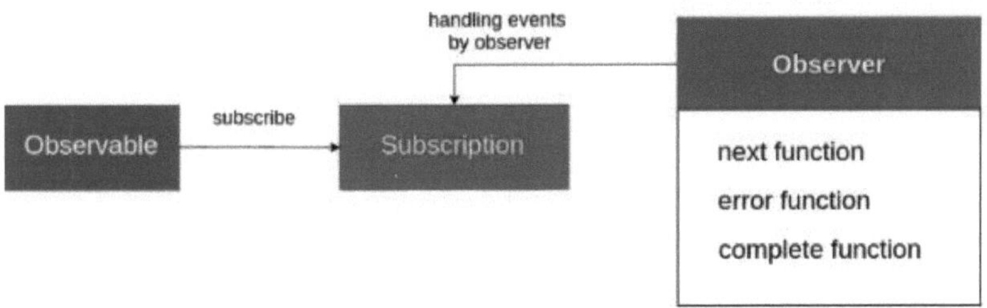

5.4.2. Patrón Observer

El patrón Observer es muy importante en el concepto de programación reactiva ya que explica perfectamente cómo funciona. Según este patrón, hay un sujeto que es el productor de la información (stream) y por otro lado hay uno o varios consumidores de esta información. En Rx el sujeto sería el observable y el consumidor, el observer.

Los observables son los encargados de propagar la información y notificar sus cambios, para ello proporciona métodos a partir de los cuales los observers pueden suscribirse o cancelar la suscripción de sus flujos de datos. Los observers, por su parte, deciden cuándo quiere suscribirse o cancelar la suscripción a un observable, además, ellos mismos son los encargados de actualizar su propio estado cuando el observable les notifica de un cambio en el stream de datos.

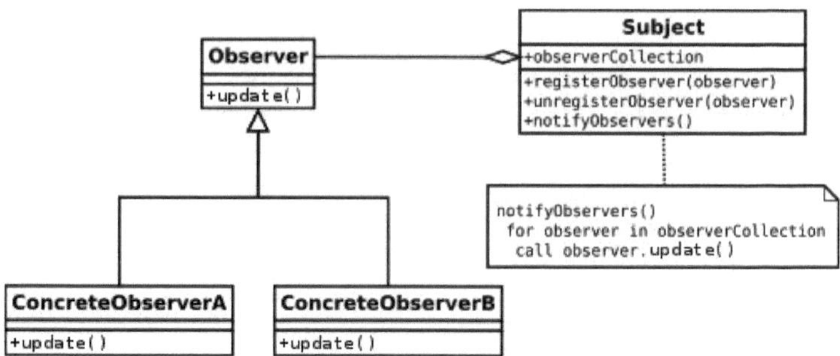

La filosofía del patrón observador es sencilla: un objeto llamado sujeto (subject), posee un estado. Si dicho estado cambia, es capaz de "notificar" a sus suscriptores (observers) de este cambio. Gracias a ello, los objetos suscritos al objeto subject no tienen porqué preocuparse de cuándo se produce un cambio de estado, ya que este se encargará de informar de forma activa a todos aquellos objetos que hayan decidido suscribirse.

El patrón observador define una relación del tipo uno a muchos entre objetos, cuando el estado de un objeto cambia este notifica su cambio al resto de objetos dependientes. Este patrón también es conocido como publicación-suscriptor (o consumidor), la idea básica del patrón es que un objeto contiene atributos o métodos observables a los cuales otros objetos se pueden suscribir pasando una referencia a sí mismos. El objeto observable mantiene una lista de referencias a sus observadores y es capaz de notificarles cambios que sufre.

5.4.3. Patrón Iterador

Un patrón de diseño define una interfaz que declara los métodos necesarios para acceder de forma secuencial a un grupo de objetos de una colección, permite recorrer una estructura de datos sin que sea necesario conocer la estructura interna de la misma.

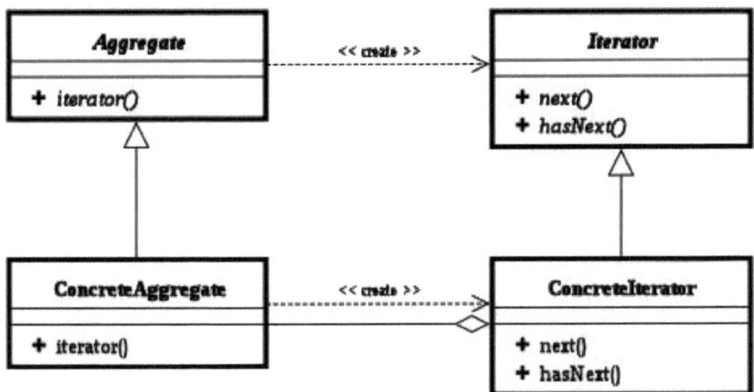

El patrón iterador nos permite recorrer contenedores de información, por ejemplo, un array sin necesidad de conocer su contenido. Por ejemplo, para recorrer un array con un bucle "for", debemos conocer la longitud de este y su contenido. Cuando queremos recorrer un observable, Rx nos proporciona el método **hasNext()** para saber si hay más datos dentro del iterador y el método **next()** para poder acceder a la siguiente posición del iterador.

El objetivo de este patrón es proporcionarnos una manera de acceder a los elementos de un objeto agregado, de forma secuencial, sin exponer sus detalles. Es decir, proporciona a una colección un medio para navegar por sus datos sin exponer su estructura interna.

5.4.4. Programación Funcional

El otro patrón en el que se sustenta Rx es la programación funcional. En la programación funcional el factor más importante son las funciones, todo está orientado al uso de funciones y estas permiten el paso de otras funciones como argumento.

Las funciones deben ser funciones puras e inmutables. Esto quiere decir que una función con un mismo argumento de entrada debe devolver siempre el mismo resultado. A priori, podemos pensar que esto es una característica de cualquier función, pero no es así. Si por ejemplo, una función hace uso de una variable global deja de ser pura ya que depende de elemento externo que puede variar. Otra característica de las funciones puras es que no tienen efectos colaterales y no mutan datos. Es decir, en ningún caso modifican el valor de entrada o cualquier otra variable global.

Rx proporciona varios operadores muy utilizados para tratar flujos de datos. Estos operadores son funciones puras que a su vez llaman a otras funciones puras. Los operadores más usados son filter, map y reduce.

- **Filter** se utiliza para filtrar una colección de datos en base a un parámetro.
- **Map** se utiliza sobre una colección de datos para devolverlo de forma modificada.
- **Reduce** se usa para obtener un valor relacionado con la colección de datos.

En Rx se trabaja con stream de datos a los que se le encadenan varias funciones (operadores) que siempre devuelven un observable pero que nunca mutan el original. Esto se conoce como **pipeline**.

5.5. APIs de programación reactiva en Java

Dentro del ecosistema de Java podemos encontrar diferentes librerías capaces de manejar la concurrencia de forma transparente para el desarrollador, entre la que podemos destacar:

- **RxJava.** RxJava https://github.com/ReactiveX/RxJava fué una de las primeras implementaciones en forma de librería que surgieron para realizar la orquestación de microservicios de forma reactiva y ofrecer mecanismos que permitan adoptar los principios descritos por el manifiesto reactivo.

- **Vertx.** Eclipse Vert.x https://vertx.io se trata de un toolkit para construir aplicaciones reactivas basadas en la máquina virtual de Java. Gracias a Vert.x, las aplicaciones son capaces de gestionar un gran volumen de peticiones con unos recursos limitados. Una de las características principales es que es compatible con varios lenguajes como Java, Javascript, Groovy, Python o Ruby.

Este tipo de librerías y frameworks recurren al uso de un bucle de eventos o uso de arquitecturas orientadas a distribuir la carga entre diferentes procesos. Gracias a la compartición de recursos, por ejemplo, usando un hilo de ejecución para todas las llamadas que se realicen, estas técnicas nos permiten escalar una sola aplicación en varios núcleos de ejecución. El objetivo de estas librerías es mejorar el rendimiento de las aplicaciones, superando las limitaciones nativas del lenguaje Java.

5.6. Eclipse Vert.x

Vert.x cuenta con una arquitectura muy similar a la de NodeJS (asíncrono y orientado a eventos) y ha sido construído sobre Netty https://netty.io, compartiendo los principios de la programación **asíncrona** y del **Patrón Reactor**.

Vert.x está dirigido por eventos donde los mismos se gestionan mediante el **event loop** el cual se encarga de que cada uno de ellos llegue a su manejador correspondiente. Una de las ventajas del event loop es que no es bloqueante y permite gestionarlos de forma asíncrona.

La principal diferencia es que NodeJS utiliza un único event loop mientras que Vert.x utiliza un event loop por cada core multiplicado por dos. Esto se conoce como **Multi-Reactor Pattern.**

5.6.1 Servidor web asíncrono con Vert.x

Podríamos montar un servidor asíncrono utilizando Vert.x con pocas líneas de código. Con el objeto **vertx** podríamos crear un servidor HTTP usando la función **createHttpServer**.

- http://vertx.io/docs/apidocs/io/vertx/core/Vertx.html
- http://vertx.io/docs/apidocs/io/vertx/core/http/HttpServer.html

En el siguiente ejemplo, al objeto HttpServer que devuelve esta función, se le ha añadido un **requestHandler** para gestionar las peticiones de los usuarios y se utiliza el método **listen**() se para escuchar dichas peticiones en el puerto 8080.

El parámetro que recibe la función requestHandler es de tipo **HttpServerRequest** y es el código que se ejecuta cada vez que se recibe una petición. Desde el propio **objeto request** que es el que recibimos en la **lambda**, llamamos al método response para obtener un objeto **HttpServerResponse** y sobre el que ejecutamos su método **end()** para responder la petición. Es muy importante la llamada al método end(), ya que hasta que no se le llama, la respuesta no se le envía al cliente.

- http://vertx.io/docs/apidocs/io/vertx/core/http/HttpServerRequest.html
- http://vertx.io/docs/apidocs/io/vertx/core/http/HttpServerResponse.html

HelloWorldServer.java

```
import io.vertx.core.Vertx;

public class HelloWorldServer {
   public static void main(String args[]) {
      Vertx.vertx().createHttpServer()
         .requestHandler(request -> {
            request.response().end("Hello World!");
         })
         .listen(8080);
   }
}
```

5.6.2. Verticles

Las verticles son la forma de estructurar las aplicaciones en Vert.x. Una aplicación consiste habitualmente en muchos verticles ejecutándose simultáneamente en una o varias instancias de Vert.x, comunicándose entre ellas mediante el Event Bus.

- https://vertx.io/docs/apidocs/io/vertx/core/Verticle.html
- http://vertx.io/docs/apidocs/io/vertx/core/AbstractVerticle.html

Las verticles deben implementar la interfaz **Verticle**, aunque también podríamos utilizar la clase abstracta **AbstractVerticle** en la que habría que sobreescribir el método start().

El siguiente código es equivalente al que hemos visto anteriormente. En este caso, el código con la lógica de nuestro servidor está incluido dentro de la función start que se sobrescribe de la clase base **AbstractVerticle**.

Este método recibe como parámetro un objeto Future sobre el que ejecutaremos el método complete si la inicialización se ha realizado correctamente.

HelloWorldServerVerticle.java

```
import io.vertx.core.AbstractVerticle;
import io.vertx.core.Future;

public class HelloWorldServerVerticle extends
AbstractVerticle {
   @Override
   public void start(Future<Void> future) throws Exception {
      super.start();

      vertx.createHttpServer()
         .requestHandler(req -> {
            req.response().end("Hello World!");
         })
         .listen(8080);

      future.complete();
   }
}
```

5.6.3. Tipos de verticles

Una vez que hemos visto cómo crear una verticle en la aplicación, vamos a ver los dos tipos principales de verticles que dispone Vert.x:

- **Standard verticle:** este tipo son las más comunes, cuando se crean se le asigna un hilo del Event Loop y todo el código se ejecuta siempre en el mismo Event Loop. Vert.x garantiza que cualquier código de estos verticles siempre se ejecutará en el mismo event loop. De esta forma, puedes desarrollar tu aplicación como si se se en un único hilo y Vert.x se encargará de hacerlo multihilo y de la escalabilidad.

- **Worker verticle:** Estas instancias están diseñadas para ejecutar código bloqueante.
- **Multi-thread worker verticles**: Como un worker verticle pero que puede ser ejecutado en múltiples threads donde una instancia puede ser ejecutada concurrentemente por diferentes hilos.

5.6.4. Bus de eventos de Vert.x

El bus de eventos de Vert.x permite comunicar diferentes partes de la aplicación entre ellas, aunque estén escritas en diferentes lenguajes o se encuentren en distintas instancias de Vert.x. Vert.x implementa tres tipos de mensajes en el bus de eventos:

- **Punto a punto**: el mensaje se envía a un único consumidor y Vert.x se encargará de que un manejador reciba el mensaje. Se puede especificar también un manejador que maneje la respuesta a un mensaje recibido a modo de confirmación.
- **Publish/Subscribe**: el mensaje es recibido por todos los consumidores que están escuchando el mensaje. Todos los manejadores suscritos a una dirección recibirán el mensaje.
- **Request/Response**: el mensaje se envía a un único consumidor y se permite responder con otro mensaje que le llegará al remitente inicial.

Los mensajes son enviados a direcciones que indicamos con cadenas de textos. En estas direcciones se registran los manejadores que son los encargados de recibir los mensajes. Diferentes manejadores pueden estar asociados a una dirección y un manejador puede estar asociado a varias direcciones.

En **comunicaciones punto a punto** se emplean los métodos send() y reply(). Si queremos **enviar un mensaje** a un único destinatario usaremos el método **send()**:

- http://vertx.io/docs/apidocs/io/vertx/core/eventbus/EventBus.html#send-java.lang.String-java.lang.Object

```
vertx.eventBus().send("eventbus.mensaje", "Este mensaje se envía a un destino");
```

Para r**esponder un mensaje** usaremos en método **reply()**:

- http://vertx.io/docs/apidocs/io/vertx/core/eventbus/Message.html#reply-java.lang.Object-

```
vertx.eventBus().consumer("eventbus.mensaje", mensaje ->
   mensaje.reply("Respuesta del mensaje")
);
```

En **comunicaciones Publish/subscribe** se emplean los métodos consumer() y publish(). Para **registrar un manejador** en el bus de eventos se usa el método **consumer** de la clase **EventBus**:

- http://vertx.io/docs/apidocs/io/vertx/core/eventbus/EventBus.html#consumer-java.lang.String-io.vertx.core.Handler

```
vertx.eventBus().consumer("eventbus.mensaje", mensaje ->
   System.out.println("El mensajes recibido es: " +
mensaje.body().toString())
);
```

Para publicar un mensaje en el bus llamaremos al método **publish()** indicando la dirección y el mensaje que queremos enviar:

- http://vertx.io/docs/apidocs/io/vertx/core/eventbus/EventBus.html#publish-java.lang.String-java.lang.Object

```
vertx.eventBus().publish("eventbus.mensaje", "Mensaje publicado");
```

El bus de eventos permite comunicaciones del estilo publicador/suscriptor entre microservicios sin la necesidad de que el que publica el mensaje y los que lo reciben tengan consciencia de la existencia del resto.

En el patrón publicador/suscriptor existe un elemento llamado bróker o bus de eventos, un componente externo a los procesos y que es conocido por ambos extremos, lo que permite desacoplar todas las partes.

- El método **consumer** es usado por los microservicios que quieren recibir eventos. Tiene dos parámetros, uno para indicar el tipo del evento al que se quiere suscribir y el segundo es el tipo manejador que se ejecutará cuando el evento sea recibido.
- El método **publish** permite enviar el evento de integración a cualquiera que esté suscrito a ese evento. En este caso es el método usado por el microservicio que quiere publicar el evento.

5.7. Spring 5 WebFlux Framework

Webflux es un nuevo módulo de Spring para facilitar la gestión asíncrona y paralela del desarrollo con Java, lo que implica principalmente un mejor uso de los recursos de infraestructura, ya que no existen bloqueos de threads y esos recursos permiten seguir ejecutando otras peticiones tanto síncronas como no asíncronas. Uno de los principales cambios es que ya incluyen el soporte de Netty para la gestión non-blocking de threads.

Spring MVC
Spring WebFlux
Imperative logic, simple to write and debug
@Controller
Functional endpoints
Reactive clients
Event loop concurrency model
JDBC, JPA, blocking deps
Tomcat, Jetty, Undertow
Netty

Este enfoque asíncrono es el que permite y facilita el uso de arquitecturas event-driven . En este tipo de arquitecturas es interesante el uso de algún sistema que maneje estos eventos o mensajes como Kafka o RabbitMQ. El uso además de estas plataformas añade como aspecto interesante la resiliencia que añade a toda la arquitectura.

La versión de Spring 5 trae soporte para la programación reactiva mediante el nuevo módulo llamado **Web Flux**. En Spring Web Flux, la clase Flux es la implementación de un Publisher. El Subscriber es cualquier objeto que necesite ser notificado y el Scheduler es algo que Spring maneja internamente facilitandonos más las cosas.

A nivel de tipos se introducen las clases **Flux** y **Mono** como implementaciones del patrón Publish/Subscribe, los cuales generan series de 0…N y 0…1 elementos respectivamente.

- Flux: que representa una serie de cero a muchos objetos (0… N)
- Mono: que representa una serie de uno o ningún objeto (0…1)

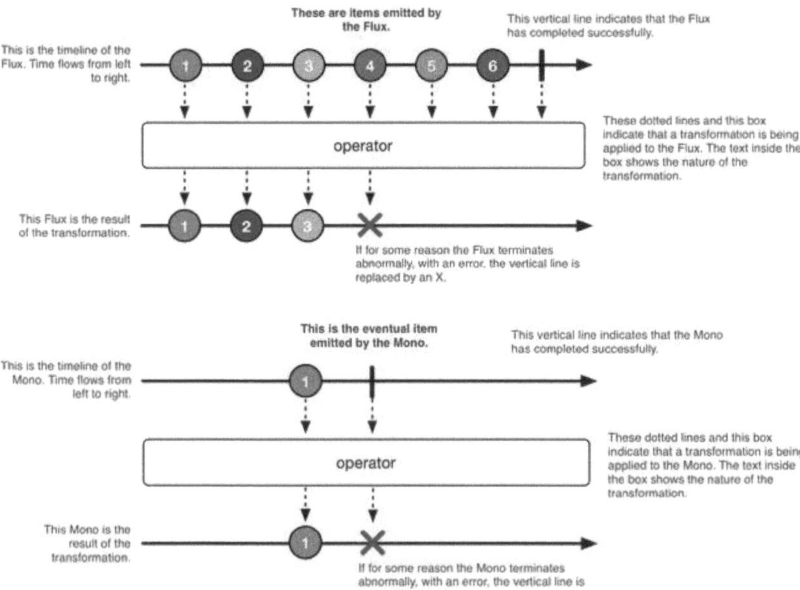

El siguiente ejemplo muestra la creación y suscripción a una secuencia de números aleatorios entre 1 y 100 generados cada segundo. Como se puede ver se trata de un API similar a la que ofrece los streams de Java 8:

```
Flux<Double> numerosAleatorios = Flux.range(1, 100)
.delayMillis(1000)
.map(i -> Math.random())
.log();

numerosAleatorios.subscribe(numero-> logger.info("Numero
aleatorio obtenido {}", numero);
```

Este stack ejecuta sobre una capa construida directamente sobre HTTP y, aunque es compatible con contenedores Servlet 3.1+ y está diseñado para ejecutarse sobre plataformas reactivas como RxNetty o Reactor Netty. Se ofrecen dos variantes:

Modelo basado en anotaciones de Spring MVC mediante el uso de las anotaciones @RestController, @Autowired:

```
@RestController
public class DataController {
    @Autowired
    private final DataRepository repository;
    @PostMapping("/data")
    Mono<Void> create(@RequestBody Publisher<Data>
dataStream){
        return this.repository.save(dataStream).then();
    }
}
```

Modelo de programación funcional basado en lambdas:

```
RouterFunctions
    .route(GET("/data/{id}").and(accept(APPLICATION_JSON)),
request -> {
        int dataId = Integer.valueOf(request.pathVariable("id"));
        Mono<ServerResponse> notFound =
ServerResponse.notFound().build();
        return repository.findOne(dataId)
        .then(data ->
ServerResponse.ok().body(Mono.just(data), Data.class))
        .otherwiseIfEmpty(notFound);
    });
```

El futuro próximo del desarrollo web debería pasar por la adopción de estas técnicas, conllevando necesariamente la modificación de las actuales arquitecturas de microservicios bloqueantes hacia arquitecturas reactivas, desde la parte de backend hasta la parte de frontend.

5.8. Conclusiones programación reactiva

Con el auge de las aplicaciones web que tratan gran cantidad de datos, estas son cada vez más complejas. En muchas ocasiones demandan la visualización de datos de muchos orígenes distintos, además de requerir que estos datos se actualicen de forma recurrente o en tiempo real. Es por esto que la programación reactiva ha tomado un papel relevante en los últimos años.

Las aplicaciones actuales se caracterizan por no bloquear al usuario, éste puede seguir interactuando con nuestra interfaz mientras se ejecuta una petición o un proceso ejecutado por una interacción anterior. Esta asincronía entre la petición y su respuesta se ha vuelto un estándar de trabajo para agilizar los procesos en los servicios que se conectan a internet para consumir datos de una API.

La programación reactiva es por tanto el futuro próximo del desarrollo web. Para ello, deberemos evolucionar las actuales arquitecturas de microservicios bloqueantes hacia arquitecturas completamente reactivas, desde la capa de persistencia hasta la presentación. Sin embargo, pese a las múltiples ventajas que ofrece, conviene no olvidar las dificultades que este enfoque plantea. Entre ellas podemos destacar la modificación a un estilo declarativo de programación, los riesgos derivados de la falta de experiencia o la dificultad añadida a la hora de depurar errores.

6. Tecnologías basadas en contenedores

En el pasado cuando una organización compraba un nuevo servidor, solía instalar el sistema operativo y después instalar cada una de las diferentes aplicaciones que necesitaban, como un web server, una base de datos, el runtime de un lenguaje de programación, librerías, etc. Cada servidor tenía un propósito y se solían desperdiciar muchos recursos.

Posteriormente llegó la virtualización, permitiendo ejecutar múltiples servidores y sistemas operativos sobre el mismo hardware utilizando un hypervisor. Cada servidor cuenta con una imagen que empaqueta tus aplicaciones, dependencias y hasta el sistema operativo base. El problema es que cuando dos aplicaciones se ejecutan en la misma VM y comparten dependencias en común, las versiones de las dependencias pueden llegar a variar y romper la funcionalidad de otras aplicaciones. Esto obligó a que cada aplicación tuviera su propia VM y como desventaja terminamos con dos copias del kernel.

En este punto las tecnologías basadas en contenedores nos proporcionan una capa mayor de abstracción. Los contenedores permiten aislar cada aplicación de las demás que se estén ejecutando en el sistema operativo que comparten, ya sea Linux o Windows.

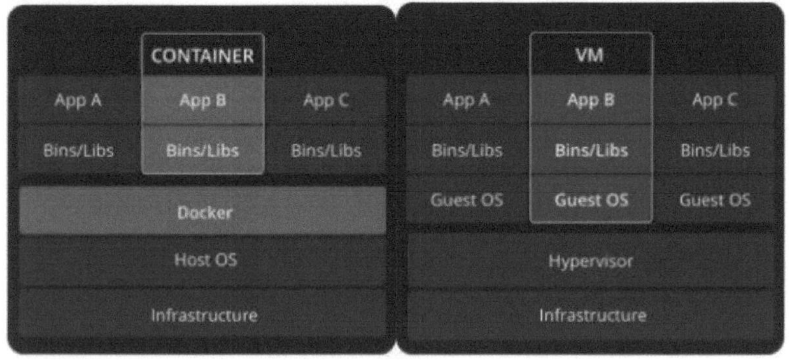

6.1. Introducción a los contenedores

Los contenedores ofrecen muchas de las mismas ventajas que las máquinas virtuales, como seguridad, almacenamiento y aislamiento de redes, pero requieren muchos menos recursos de hardware y son más rápidos de iniciar y finalizar. También aíslan las librerías y el entorno de tiempo de ejecución (como CPU y almacenamiento) utilizados por una aplicación para minimizar el impacto de una actualización de SO en el SO del host.

Los contenedores fomentan el enfoque de desarrollo aplicaciones basada en microservicios, ya que los distintos servicios en que dividimos una aplicación se pueden ejecutar de manera muy sencilla en distintos contenedores.

En el ámbito del desarrollo de software existe un enfoque o aproximación que consiste en empaquetar una aplicación o un servicio junto a sus dependencias y configuraciones. Al elemento resultante de este proceso se le denomina imagen.

Posteriormente, para proceder a ejecutar el contenido de esta imagen, ésta se coloca en un contenedor. Será posible, por tanto, referirse a la imagen como a la receta que especificará cómo es la instancia en ejecución, a la que se denominará contenedor. Dependiendo del tipo de imagen que queremos usar podemos diferenciar entre 2 tipos de contenedores:

- **Contenedores de sistemas:** Son similares a las máquinas virtuales, comparten el núcleo del anfitrión. Por ejemplo **LXC (Linux containers)** forma parte del núcleo Linux y nos aporta aislamiento y seguridad usando cgroups y namespaces.
- **Contenedores de aplicaciones**: Especializados en la ejecución de aplicaciones, normalmente cada contenedor ejecuta un sólo proceso. Contienen todas las librerías necesarias para que esa aplicación pueda funcionar. Ejemplo:

Docker.

Gracias al uso de plataformas basadas en contenedores y orquestadores conseguimos **alta disponibilidad**, al tener varias instancias disponibles en distintas máquinas al mismo tiempo; **escalabilidad,** donde cada microservicio es capaz de escalar individualmente; y **despliegue** de nuevas versiones en un tiempo mínimo.

6.2. Linux containers

Linux Container **https://linuxcontainers.org** se define como una interfaz de usuario para las funciones del contenido del núcleo de Linux. Utiliza una potente API y una serie de herramientas simples, que permite a los usuarios crear y manejar fácilmente sistemas y aplicaciones en contenedores. Utiliza las siguientes características del núcleo:

- Espacio de nombres del kernel.
- Apparmor y SELinux.
- Políticas Seccomp.
- Capacidades del Kernel.
- CGroups y Chroots.

Un contenedor se podría considerar como algo intermedio entre un chroot y una máquina virtual. Según leemos "El objetivo de LXC es crear un entorno lo más cerca posible a una instalación estándar de Linux pero sin la necesidad de un núcleo separado."

6.3. Docker

Docker es una tecnología que te permite construir, ejecutar y monitorizar contenedores basadas en aplicaciones. Los contenedores de Docker utilizan Containerd **https://containerd.io** como runtime y hoy en día es el estándar de la industria como tecnología de contenedores.

Lo primero que se observa es que los contenedores se ejecutan directamente en el sistema operativo, al contrario que las máquinas virtuales, que requieren un sistema operativo completo.

Un beneficio directo de esto es que los contenedores se ejecutan aislados unos de otros pero el tamaño que ocupan es mucho menor. De hecho, como buena práctica, se intenta que cada imagen ocupe lo mínimo posible.

Otro beneficio de la contenerización es la escalabilidad, beneficio que se nutre de lo ligeros que son los contenedores. Es posible escalar horizontalmente (crear nuevos contenedores de la misma imagen) para mejorar la disponibilidad de nuestra aplicación. Si la aplicación se ejecuta en un entorno en el que se tienen disponibles varios hosts (distintas máquinas físicas o virtuales), sería recomendable instanciar cada una de las imágenes que componen la aplicación en distintos hosts para asegurar que, si hay algún problema en alguno de ellos, la aplicación siga estando disponible.

Los contenedores usan el concepto de un sistema de capas, similar a los sistemas de versionamiento de código, para reutilizar capas base o comunes entre contenedores. Cuando necesitas actualizar una imagen, únicamente tienes que descargar las diferencias desde la última revisión.

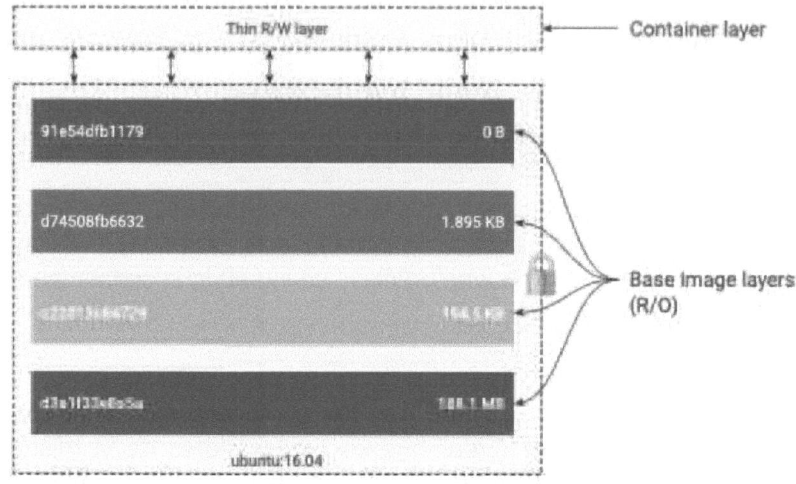

Las instrucciones que definen estas capas están descritas en un archivo base llamado **Dockerfile**. Cada instrucción presente en este archivo, por lo general, representa una capa adicional para tu contenedor.

Existen repositorios para que guardes de manera segura y escalable las imágenes de tus aplicaciones. Esto te da control de regresar a una versión previa en caso de alguna falla o regresión de funcionalidad. Es muy común que las organizaciones tengan repositorios privados de imágenes en donde almacenan tanto las imágenes base que los aplicativos utilizan como las imágenes de cada aplicación desplegada. En la nube de Google podríamos utilizar **Container Registry**.

- https://cloud.google.com/container-registry

Puedes desplegar un contenedor de Docker a cualquier host que tenga el runtime instalado, pero es muy común que a medida de que incrementa el número de contenedores a administrar, las organizaciones adopten orquestadores que les aligeren esta labor. El estándar en la industria es Kubernetes, creado por Google y donado como código libre a la CNCF hace unos años. Google continúa liderando el desarrollo de Kubernetes y ofrece una experiencia de entorno administrado, Google Kubernetes Engine, para que te enfoques en la creación de valor y no en la administración de Kubernetes.

- https://cloud.google.com/kubernetes-engine

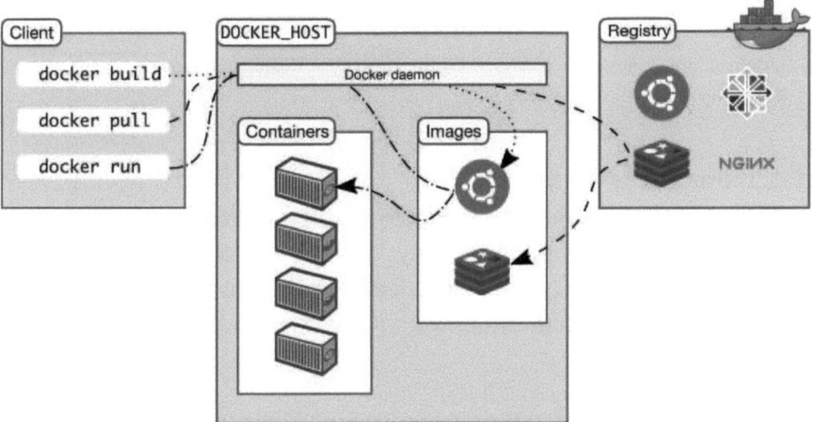

Docker proporciona toda la funcionalidad necesaria para:

- Realizar pull & push de imágenes de un registro de imágenes.
- Administrar contenedores locales: Copy, add layers, commit & remove.
- Pedir al kernel que ejecute un contenedor.

Esencialmente, el demonio Docker hace todo el trabajo con registros, imágenes, contenedores y el kernel. La línea de comandos (CLI) de Docker le pide al demonio que haga esto en su nombre.

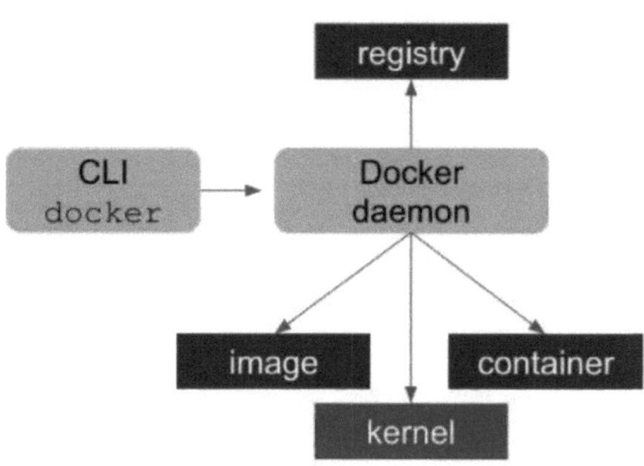

6.3.1. Imágenes de Docker

Las imágenes de Docker pueden ejecutarse nativamente en Linux y en Windows. Sin embargo, hay que tener en cuenta que las imágenes con base Linux sólo pueden ejecutarse en hosts Linux y las imágenes con base Windows sólo pueden hacerlo en hosts bajo un sistema Windows.

El propósito de una imagen es definir un entorno junto a sus dependencias, asegurando que sea posible depurar una aplicación durante la fase de desarrollo en un entorno exactamente igual que el entorno de producción en el que se ejecutará.

Uno de los motivos por los que Docker y sus imágenes son tan populares es porque permiten definir imágenes extendiendo otras previamente definidas, esto es, se pueden definir imágenes base especialmente preparadas para ser extendidas, como pueden ser imágenes que contienen simplemente un sistema operativo.

6.3.2. Podman

Podman https://podman.io se trata de una alternativa a Docker con el que es posible interactuar directamente con el registro de imágenes y con el kernel de Linux a través del proceso de ejecución del contenedor (runC).

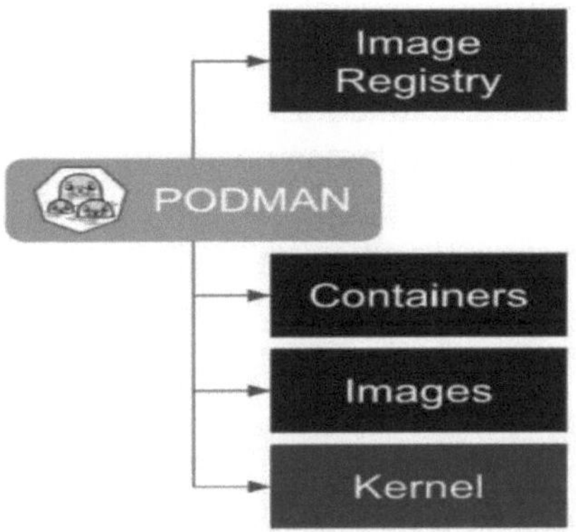

Podman proporciona una sintaxis parecida a Docker para trabajar con contenedores:

```
#bajarnos una imagen del registry de fedora
$ podman pull registry.fedoraproject.org/f29/httpd
#listar las imágenes
$ podman images
#inspeccionar una imagen
$ podman inspect httpd
#ejecutar una imagen
$ podman run httpd
#ejecutar una imagen con un nombre
$ podman run --name myhttpservice -d httpd
```

```
#ejecutar el contenedor exponiendo el puerto
# podman run -d -p 80:80 fedora-httpd
```

6.4. Orquestadores

El motor de Docker es capaz de manejar instancias únicas de una imagen en un único host o sistema anfitrión pero, a la hora de manejar múltiples contenedores desplegados en múltiples hosts para aplicaciones distribuidas más complejas no es tan eficiente.

El objetivo principal de los orquestadores es que permiten escalar aplicaciones a lo largo de múltiples hosts de Docker como si fuera uno único con independencia de la complejidad de la plataforma sobre la que se está ejecutando. Existen diversos orquestadores en el mercado entre los que podemos destacar:

- **Kubernetes** https://kubernetes.io/es
- **Docker swarm** https://docs.docker.com/engine/swarm
- **Apache Mesos** http://mesos.apache.org

Este tipo de soluciones nos ayudan a administrar los contenedores en los cuales tenemos nuestras aplicaciones alojadas de una forma fácil, rápida y escalable. Además de también contar con monitoreo y balanceo de carga.

6.5. Kubernetes

Kubernetes es una plataforma portable, extensible y de código libre para manejar cargas de trabajo y servicios desplegados en contenedores que facilita establecer su configuración y automatización de una forma declarativa. Es el orquestador más usado actualmente y se está considerando la solución de facto.

La plataforma Kubernetes, también conocida como K8s, permite gestionar grandes conjuntos de contenedores y facilita el trabajo con numerosos automatismos, con lo que ha revolucionado el mundo del desarrollo de software.

Kubernetes trabaja con una gran variedad de servidores, llamados maestros (master) y nodos (nodes), que no necesariamente han de estar ubicados en servidores físicos diferentes. Gracias a máquinas virtuales, desde un ordenador se pueden activar varios nodos Kubernetes.

La mejor forma de entender por qué se está popularizando tanto esta tecnología, sea viendo cuales son las principales **ventajas** que nos aporta:

- **Balanceo de carga**. Al indicarle a Kubernetes los requisitos, recursos y demás restricciones de cada contenedor, éste se encargará de colocarlos automáticamente sin preocuparse por la disponibilidad.
- **Autorecuperación**. Kubernetes se encarga de reiniciar los contenedores que fallan, reemplazalos y reprogramarlos cuando los nodos mueren. Además, en caso de ser necesario, se encargará de matar o parar los contenedores que no respondan a un **health check** definido por el usuario.
- **Escalabilidad vertical**. También nos permite escalar nuestras aplicaciones hacia arriba y hacia abajo con un simple comando o automáticamente según el uso de CPU.
- **Descubrimiento de servicios**. Al utilizar Kubernetes no necesitamos modificar nuestras aplicaciones para usar un mecanismo de descubrimiento de servicios. Él mismo se encarga de que los contenedores tengan sus propias direcciones IP y nombre DNS únicos para un conjunto de contenedores,y tiene la capacidad de equilibrar la carga entre ellos.

- **Despliegues automáticos**. Kubernetes se encarga de implementar progresivamente los cambios en las aplicaciones o configuraciones, y a la vez supervisa el estado de éstas para asegurarse de no matar todas las instancias al mismo tiempo.
- **Secretos y gestión de la configuración**. La información sensible, como las passwords o las claves ssh que almacenamos se ocultan en secrets. Y ambos secrets (configuración y passwords) se despliegan y se actualizan sin tener que volver a construir la imagen o exponer información confidencial.

6.5.1. Infraestructura de Kubernetes

Desde el punto de vista de infraestructura, Kubernetes tiene dos elementos clave: el máster y los nodos. El **máster** es el responsable de mantener el estado del clúster, siendo el encargado de administrarlo y gestionarlo. Los **procesos** que ejecuta el nodo máster son: **kube-apiserver**, **kube-controller-manager y kube-Scheduler**.

Los nodos en un clúster son las máquinas (físicas o virtuales) donde se ejecutan las aplicaciones (contenedores). Los procesos que ejecuta cada nodo son:

- **kubelet**: se comunica con el nodo máster.
- **kube-proxy**: un proxy que se encarga de gestionar la red en cada nodo para reflejar la configuración especificada.

6.5.2. Elementos de Kubernetes

Kubernetes no ejecuta los contenedores directamente, en vez de eso crea un nivel de abstracción superior llamado Pod en el que puede ejecutar uno o más contenedores. Los Pods se consideran la unidad de computación más básica en Kubernetes.

Un **Pod** encapsula uno o varios contenedores, así como recursos de almacenamiento, una única dirección IP y opciones que determinan cómo el contenedor debería ejecutarse. Si se necesitan más instancias de un Pod se puede configurar Kubernetes para desplegar nuevas réplicas. Lo normal es desplegar varias copias de este Pod para asegurar el balanceo y la disponibilidad ante errores.

Aunque los Pods son la unidad básica, normalmente no son lanzados directamente en un clúster. En vez de eso, normalmente, son gestionados en un nivel de abstracción superior denominado **deployment** (despliegue).

El objetivo principal de un **deployment** es especificar cuántas réplicas de un Pod deberían estar ejecutándose a la vez. Cuando se añade un despliegue al clúster, éste levantará automáticamente el número de Pods especificados y los monitorizará. Si un Pod muere, Kubernetes se encargará de volver a levantarlo.

En los despliegues se definen diversos factores como la aplicación y componente al que pertenecen y los contenedores específicos que componen del despliegue. A la hora de especificar cada uno de ellos se define la imagen, las variables de entorno que se inyectarán, el registro en el que se encuentran las imágenes, los puertos, el número de réplicas y otros valores.

Lo que te permite Kubernetes es que te olvides de la infraestructura y pienses tan solo en aplicaciones y en cómo empaquetarlas. Basado en este principio todos los conceptos que usa están relacionados con este propósito. Los principales elementos se pueden resumir en los siguientes puntos:

- **Cluster**: Conjunto de máquinas físicas o virtuales y otros recursos utilizados por kubernetes.
- **Nodo**: Una máquina física o virtual ejecutándose en kubernetes donde pods pueden ser programados.

- **Pods:** La unidad mínima de computación, permite ejecutar contenedores. Representa un conjunto de contenedores y almacenamiento compartido que comparte una única IP. Son la unidad más pequeña desplegable que puede ser creada, programada y manejada por kubernetes.
- **ReplicaSet:** Asegura que siempre se pueda ejecutar un número de réplicas de un Pod determinado. Nos proporciona como principales características escalabilidad, tolerancia a fallos y alta disponibilidad.
- **Replication Controller:** Se asegura de que el número especificado de réplicas del pod estén ejecutándose. Permite escalar de forma fácil los sistemas y maneja la re-creación de un pod cuando ocurre un fallo. Gestor de Pods que asegura que están levantadas las réplicas y permite escalar de forma fácil.
- **Deployment**: Nos permite manejar los ReplicaSets. Nos proporciona las actualizaciones continuas y despliegues automáticos.
- **Service**: Es una abstracción que define un conjunto de pods y la lógica para acceder a los mismos.
- **Ingress**: Nos permite implementar un proxy inverso para el acceso a los distintos servicios establecidos. Los elementos de Service e ingress nos proporcionan como principal característica el balanceo de carga.

En Kubernetes, la configuración de un deployment se define en ficheros con extensión .yaml. Un ejemplo de fichero **deployment.yaml** correspondiente una aplicación web podría ser el siguiente:

```
apiVersion: apps/v1
kind: Deployment
metadata:
  name: web-site
  labels:
```

```
    app: web-site
    tier: frontend
spec:
  replicas: 2
  selector:
    matchLabels:
      app: web-site
      tier: frontend
  template:
    metadata:
      labels:
        app: web-site
        tier: frontend
    spec:
      containers:
      - name: website
        image: localhost:5000/web-site:v1
        ports:
        - containerPort: 80
```

Los elementos más importantes a tener en cuenta son que estamos solicitando 2 copias (réplicas) de nuestra aplicación web. Además, cerca de la parte inferior estamos definiendo la imagen (nuestro sitio web: v1) que queremos usar y la obtenemos de nuestro registro de imágenes local. Observe también que especificamos un puerto donde esperamos que nuestro contenedor reciba las peticiones.

Para desplegar la aplicación en kubernetes usaremos el comando **kubectl, pasándole como parámetro el fichero de deployment**:

```
$ kubectl apply -f deployment.yaml
```

A continuación vamos a detallar algunos de los componentes:

- **Pods**. Como hemos definido antes, un pod es la unidad mínima que es manejada por kubernetes. Este pod es un grupo de uno o más contenedores Docker, con almacenamiento compartido entre ellos y las opciones específicas de cada uno para ejecutarlos. Un modelo de pods específico de una aplicación contiene uno o más contenedores que normalmente irían en la misma máquina. En términos de Docker, un pod es un conjunto de contenedores de Docker con namespace y volúmenes compartidos.
- **Replication controller**. Un replication controller nos asegura que un grupo de uno o más pods esté siempre disponible. Si hay muchos pods, eliminará algunos. Si hay pocos, creará nuevos. Por este motivo, se recomienda siempre crear un replication controller aunque solo tengas un único pod. Un replication controller es al fin y al cabo un supervisor de un grupo de uno o más pods a través de un conjunto de nodos.
- **Services.** Como ya sabemos, los pods son volátiles y los replication controllers son los encargados de manejar su ciclo de vida, y de definir sus políticas de restauración. El servicio lo que hace es que ese pod siempre sea accesible de la misma manera, de forma que aunque el pod se destruya o se modifique, siempre pueda ser accesible.

6.5.3. Arquitectura de Kubernetes

Ahora veamos un poco cómo es la arquitectura de Kubernetes y los componentes claves de ella. Una cosa importante es que, como podemos ver en el siguiente diagrama, Kubernetes trabaja con una arquitectura llamada **Maestro-Esclavo**.

Por un lado tenemos un nodo Maestro donde se encuentra la API y desde la cual administramos a los esclavos. Y también el Controller Manager, el encargado de administrar todos los Pods. Y por otro lado, los nodos esclavos, es decir los nodos que contienen los Pods, y el Kube-proxy, que será el encargado de balancear las peticiones y enviarlas a quien tenga menos demanda.

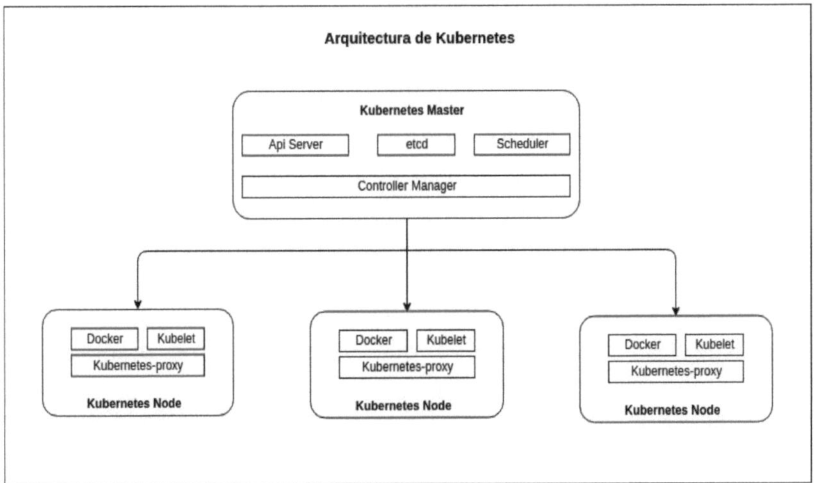

6.5.4. Componentes de un nodo master

Comencemos explicando qué son y para qué sirven los componentes que se encuentran dentro del nodo master en el diagrama anterior:

- **etcd**: Es un storage que se encarga de guardar datos de forma persistente y confiable. Distribuida en forma clave-valor y desarrollada por CoreOS. Contiene la configuración e información de los nodos que forman partes del cluster.
- **Api Server**: es quien sirve a la API de Kubernetes, enviando los datos en formato JSON a través del protocolo HTTP. Es quien valida y recibe todas las peticiones y actualiza los

objetos que se encuentran en etcd.

- **Scheduler**: Es quien se responsabiliza de distribuir la carga. Se encarga de verificar los recursos utilizados por los nodos y ajustar el uso con los recursos que tenga disponible, es por ello que es uno de los componentes más importantes.
- **Controller Manager**: se puede considerar como un proceso o demonio que se encuentra corriendo continuamente y que además se encarga de recolectar la información y enviarla a la API Server.

6.5.5. Componentes de los nodos

Ahora veamos para qué se utilizan los componentes encontrados en los Nodos de Kubernetes:

- **Docker**: Docker que se utiliza para ejecutar nuestras aplicaciones en un ambiente aislado.
- **Kubelet**: es un proceso que se encarga de mantener el estado del nodo en sí mismo. Lee las configuraciones necesarias de etcd y recibe los comandos del nodo maestro que necesite para trabajar así como también envía el estado del nodo cada pocos segundos. Además también se encarga de los port forwarding y configuraciones de la red.
- **Kubernetes-proxy**: es quien se encarga de que los servicios se encuentren disponibles para el exterior y también del balanceo de carga y enrutamiento de tráfico por dirección de IP.

6.5.6. Trabajar con Kubernetes

Para probarlo en tu máquina local podemos utilizar Minikube. Puesto que **Minikube** crea una máquina virtual, el programa necesita de la instalación de un hipervisor. Para poder usar Minikube también hay que tener instalado VirtualBox, así como la herramienta **kubectl**.

- **https://kubernetes.io/es/docs/tasks/tools/install-minikube**

Una vez iniciado Minikube, el programa creará automáticamente un clúster con un único nodo. Puedes comprobarlo introduciendo el comando kubectl que permite obtener los nodos desplegados:

```
$ kubectl get nodes
```

Una opción para crear despliegues es a través de la terminal. Para ello la aplicación se tiene que encontrar en una imagen Docker guardada en un repositorio.

```
$ kubectl create deployment --image=[Ruta a la imagen]
```

Podemos obtener deployments, pods, servicios y nodos activos con los siguientes comandos:

```
$ kubectl get deployments
$ kubectl get pods
$ kubectl get services
$ kubectl get nodes
```

En la página oficial de red hat developers podemos encontrar un tutorial completo con minikube:

- https://redhat-developer-demos.github.io/kubernetes-tutorial

En la página de katacoda podemos encontrar un escenario con un caso de uso donde arrancaremos minuke y posteriormente utilizamos kubectl para realizar un deployment:

- https://www.katacoda.com/courses/kubernetes/kubectl-run-containers

Ejecutar el siguiente comando para iniciar los componentes del clúster y descargar la CLI de Kubectl. Posteriormente ejecutamos el comando de **kubectl** para obtener los nodos del cluster.

```
$ minikube start --wait=false
```

```
$
$ minikube start --wait=false
* minikube v1.8.1 on Ubuntu 18.04
* Using the none driver based on user configuration
* Running on localhost (CPUs=2, Memory=2460MB, Disk=145651MB) ...
* OS release is Ubuntu 18.04.4 LTS
* Preparing Kubernetes v1.17.3 on Docker 19.03.6 ...
  - kubelet.resolv-conf=/run/systemd/resolve/resolv.conf
* Launching Kubernetes ...
* Enabling addons: default-storageclass, storage-provisioner
* Configuring local host environment ...
* Done! kubectl is now configured to use "minikube"
$ kubectl get nodes
NAME       STATUS   ROLES    AGE   VERSION
minikube   Ready    master   11m   v1.17.3
```

Para ejecutar un deployment utilizamos el **comando run** que crea una implementación basada en los parámetros especificados, como la imagen o las réplicas. Este despliegue se emite al maestro Kubernetes que lanza los Pods y los contenedores necesarios. Este comando es similar a un docker run pero a nivel de clúster.

```
$ kubectl run http --image=katacoda/docker-http-server:latest
--replicas=1
```

Podemos usar el siguiente comando de kubectl para ver el estado del deployment:

```
$ kubectl get deployments
```

Para averiguar qué creó Kubernetes, puede describir el proceso de implementación. La descripción incluye cuántas réplicas están disponibles, las etiquetas especificadas y los eventos asociados con la implementación. Estos eventos mostrarán por consola cualquier problema y error que pueda haber ocurrido.

```
$ kubectl describe deployment http
```

```
$ kubectl get deployments
NAME   READY   UP-TO-DATE   AVAILABLE   AGE
http   1/1     1            1           8m6s
$ kubectl describe deployment http
Name:                   http
Namespace:              default
CreationTimestamp:      Fri, 05 Jun 2020 19:02:05 +0000
Labels:                 run=http
Annotations:            deployment.kubernetes.io/revision: 1
Selector:               run=http
Replicas:               1 desired | 1 updated | 1 total | 1 available | 0 unavailable
StrategyType:           RollingUpdate
MinReadySeconds:        0
RollingUpdateStrategy:  25% max unavailable, 25% max surge
Pod Template:
  Labels:  run=http
  Containers:
   http:
    Image:        katacoda/docker-http-server:latest
    Port:         <none>
    Host Port:    <none>
    Environment:  <none>
    Mounts:       <none>
  Volumes:        <none>
Conditions:
  Type           Status  Reason
  ----           ------  ------
  Available      True    MinimumReplicasAvailable
  Progressing    True    NewReplicaSetAvailable
OldReplicaSets:  <none>
NewReplicaSet:   http-774bb756bb (1/1 replicas created)
Events:
  Type    Reason             Age    From                   Message
  ----    ------             ----   ----                   -------
  Normal  ScalingReplicaSet  8m11s  deployment-controller  Scaled up replica set http-774bb756bb to 1
```

Con la implementación creada, podemos usar kubectl para crear un servicio que expone los Pods en un puerto en particular. Podríamos exponer la implementación http a través del comando **kubectl expose**. El comando le permite definir los diferentes parámetros del servicio y cómo exponer la implementación.

Podríamos usar el siguiente comando para **exponer el servicio en el puerto 80** del contenedor a la ip externa del host.

```
$ kubectl expose deployment http --external-ip="172.17.0.33"
--port=8000 --target-port=80
```

Con nuestro deployment en ejecución, podríamos usar kubectl para escalar el número de réplicas. Esto haría que el deployment solicite a Kubernetes que arranque más Pods adicionales.

El comando **kubectl scale** nos permite ajustar la cantidad de Pods que se ejecutan para un deployment en particular, además de que los pods se equilibran automáticamente con el servicio expuesto.

```
$ kubectl scale --replicas=3 deployment http
$ kubectl get pods
```

Enumerando todos los pods, podríamos ver que hay tantos como número de réplicas hemos indicado para el deployment http:

```
$ kubectl scale --replicas=3 deployment http
deployment.apps/http scaled
$ kubectl get pods
kubectl get pods
NAME                           READY   STATUS    RESTARTS   AGE
http-774bb756bb-smlqn          1/1     Running   0          2m27s
httpexposed-68cb8c8d4-8kgtq    1/1     Running   0          48s
$ kubectl get pods
NAME                           READY   STATUS    RESTARTS   AGE
http-774bb756bb-smlqn          1/1     Running   0          2m28s
http-774bb756bb-zzt2p          0/1     Pending   0          2s
httpexposed-68cb8c8d4-8kgtq    1/1     Running   0          49s
```

6.5.7. Integración con proveedores cloud

Uno de los grandes beneficios de la unión entre microservicios, contenedores y orquestadores es una mejor utilización de los recursos (máquinas físicas, electricidad...). Es posible adaptar y aprovechar al máximo los recursos físicos de los que se disponen para hacer un uso justo y eficiente de ellos. Si además las soluciones se despliegan en entornos Cloud la optimización es mejor pues se puede modificar el número de recursos disponibles.

Kubernetes tiene integración con diversos proveedores Cloud como pueden ser Google Cloud, Amazon Web Services o Microsoft Azure. Al ser entornos manejados no hay que preocuparse por la actualización de la versión del clúster en general o del máster y de los nodos en particular, al ser capaz de hacerse desde la propia plataforma o desde las herramientas de línea de comandos que proporcionan cada uno de los proveedores.

Amazon Web Services (AWS) es una de las plataformas cloud con más servicios y que da soporte a millones de clientes, desde pequeñas empresas hasta grandes compañías. AWS permite reducir los costes, aumentar la agilidad e innovar de forma más rápida. Esta plataforma cuenta con un gran número de servicios y ofrece diferentes herramientas para el despliegue de aplicaciones basadas en Docker y Kubernetes.

Con **Google Cloud** es posible desarrollar un excelente software gracias a la infraestructura base, el análisis de datos y el sistema de aprendizaje automático que ofrece Google. Es una posibilidad de disponer de un software libre con un excelente rendimiento y con las funciones que necesita cualquier empresa.

En el caso de Microsoft Azure, Kubernetes está especialmente integrado gracias a AKS (**Azure Kubernetes Service**). AKS facilita una forma de simplificar la creación, configuración y administración de un clúster de máquinas virtuales en Azure que están preconfiguradas para ejecutar aplicaciones en contenedores.

Para obtener más información sobre cómo se crea y se trabaja con este recurso lo mejor es consultar la documentación oficial:

- **https://docs.microsoft.com/en-us/azure/aks/intro-kubernetes.**

6.6. Plataformas de contenedores

Probablemente un orquestador y un motor de contenedores es todo lo que necesitemos en un entorno de desarrollo. En un entorno productivo esto podría no ser suficiente y necesitamos complementar el orquestador con herramientas de gestión avanzadas, escalabilidad automática en entornos de cloud o sistemas de virtualización on-premises. Aquí es donde entran en juego las plataformas de contenedores, entre las que podemos destacar:

- **Portainer** https://portainer.io
- **OpenShift** https://www.openshift.com
- **Rancher** https://rancher.com

6.6.1. Portainer

Para las tareas de administración de contenedores Docker, a veces la línea de comandos puede hacerse algo difícil para realizar ciertas acciones. Portainer es una herramienta web open-source la cual se ejecuta ella misma como un contenedor cuya imagen podemos encontrar en el Docker Hub.

- **https://hub.docker.com/r/portainer/portainer**

Esta aplicación nos va a permitir gestionar de forma muy fácil e intuitiva nuestros contenedores Docker a través de una interfaz gráfica. A través de una interfaz web, un administrador puede tener una visión global más clara de los contenedores que está ejecutando y facilitar su gestión.

6.6.2. OpenShift

OpenShift comprende todas las piezas de tecnología adicionales que convierten a Kubernetes en una herramienta sólida y viable para las empresas, lo que incluye ciertas características como registro, conexiones en red, monitorización, seguridad, automatización y servicios.

Con OpenShift, los desarrolladores pueden crear nuevas aplicaciones en contenedores, alojarlas e implementarlas en la nube, con la escalabilidad, el control y la orquestación que con el objetivo de lanzar una nueva feature para la aplicación de forma fácil y rápida.

En las páginas de **katacoda** y **red hat developers** podemos encontrar diferentes escenarios donde podemos probar las diferentes funcionalidades que ofrece openshift:

- https://www.katacoda.com/openshift
- https://learn.openshift.com

6.6.3. Rancher

Rancher es una plataforma diseñada para equipos que adoptan tecnologías contenerizadas. Aborda los desafíos operativos y de seguridad para la administración de múltiples clusters de **Kubernetes** a través de cualquier tipo de infraestructura (Cloud y On-Premise), proporcionando herramientas integradas de manera simultánea a los equipos de DevOps para ejecutar cargas de trabajo en contenedores.

Independientemente de dónde se ejecuten los recursos, esta hace posible integrar clusters fácilmente en cada tipo de proveedor y migrar recursos entre ellos. En lugar de tener clusters de Kubernetes aislados, Rancher los unifica como un solo cloud de Kubernetes administrado.

Rancher funciona en Kubernetes y ha incorporado nuevas herramientas, como la administración multicluster y canales de integración continua (CI) incorporados. Además de la seguridad mejorada, la escalabilidad y las herramientas de implementación fáciles de usar ya disponibles en Kubernetes, Rancher ofrece una interfaz gráfica de usuario (GUI) que facilita la administración de los contenedores.

A través de la GUI de Rancher, los usuarios pueden administrar secretos, gestionar funciones y permisos de forma segura, escalar nodos y pods, y configurar balanceadores de carga y volúmenes.

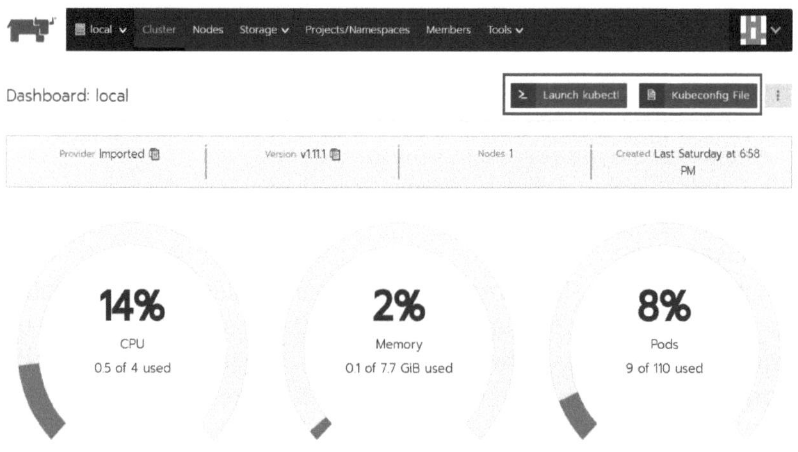

6.7. Comunicaciones con Traefik

Entornos como Docker pueden ser una alternativa eficaz para ejecutar aplicaciones web en producción, pero es posible que desee ejecutar varias aplicaciones en el mismo host de Docker. En esta situación, deberá configurar un proxy inverso debido a que solo le convendrá exponer los puertos 80 y 443 con el objetivo de tener tus contenedores accesibles desde internet.

Traefik es un **proxy inverso** compatible con Docker que incluye su propio panel de supervisión. Podríamos usar Traefik para dirigir peticiones a dos contenedores diferentes de aplicaciones web, cada una en comunicación con una base de datos distinta.

Con un proxy reverso lo que conseguimos es que todas las peticiones que queramos realizar a los servicios que tenemos instalados las maneja el proxy y sea el que reciba y envíe la información necesaria al navegador web. Traefix usa los siguientes elementos para definir su **arquitectura**:

- **Providers**: Es la tecnología que estás usando y que traefik es capaz de trabajar con su api para crear las reglas de routing que permiten comunicar los servicios de la red interna.
- **Entrypoints**: son los puertos que tienes abiertos al exterior.
- **Services**: son las aplicaciones de tu red interna que pretendes comunicar con el exterior.
- **Routers**: es el mecanismo por el que se conecta los servicios con el exterior a través del puerto del entrypoint.
- **Middleware**: componentes de diversa funcionalidad que alteran el comportamiento de un router. Existen diferentes tipos de middleware como autenticación y redireccionamiento.

Para obtener más información consultar la documentación oficial de Traefik **https://docs.traefik.io/basics**

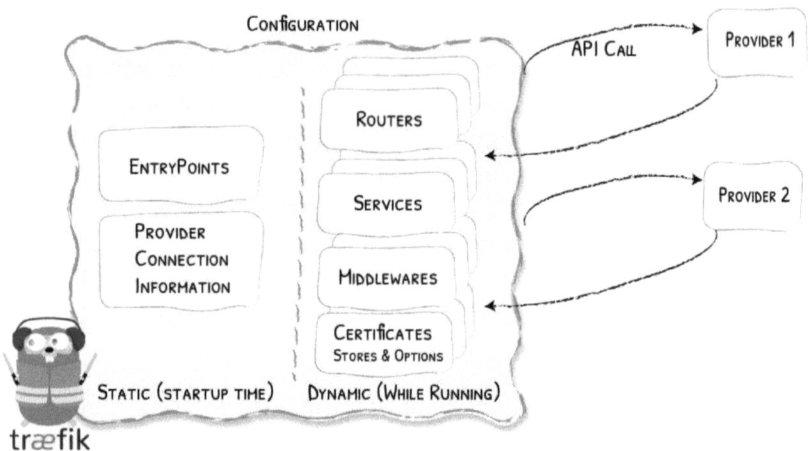

Traefik es un enrutador que te permite redirigir el tráfico a cada uno de los servicios que definas. Básicamente se trata de un proxy inverso especializado en docker. Tradicionalmente los proxys inverso se definen con su configuración y cada una de las rutas hay que definirlas en la configuración del proxy.

Trafik funciona con **autodescubrimiento de servicios**. De esta manera, cuando despliegas un nuevo contenedor, Traefik se encarga de su detección y enrutamiento. De la misma forma, cuando se para un contenedor, Traefik se encarga de eliminar ese enrutamiento.

La principal ventaja que tiene Traefik es que se puede integrar con Docker por lo cual puedes desplegar réplicas de tus servicios y automáticamente quedan configurado como backends en Traefik con lo cual puedes escalar tus servicios cómodamente sin tener que reconfigurar Traefik. En definitiva, es una herramienta muy útil si queremos tener varios servicios docker que requieran del mismo puerto.

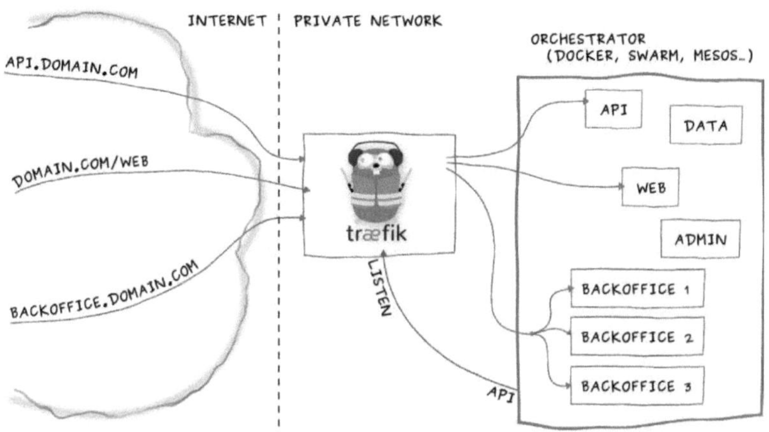

La configuración declarativa de Traefik en el nivel de contenedor de la aplicación hace que sea fácil de configurar más servicios y no será necesario reiniciar el contenedor traefik cuando añada nuevas aplicaciones para aplicar proxy al tráfico, ya que Traefik advierte los cambios de inmediato a través del socket de Docker que controla.

Entre las principales **ventajas** que ofrece Traefik podemos destacar:

- **SSL sencillo.** Si necesitas mantener una conexión segura (SSL o TLS) en tu servidor NGINX o Apache, puedes utilizar Traefik como proxy reverso para simplificar esta funcionalidad.
- **Integración con Docker**. Traefik trae un modo "autodiscovery" para de detectar todos los contenedores habilitados y exponerlos en la red pública.
- **Integración Contínua con el patrón Blue Green Deployment**: Con traefik puedes desplegar a un entorno de producción una versión nueva automáticamente, de forma que una vez desplegada, puedes activar la nueva versión y desactivar la versión anterior.

Una de las formas más rápidas de instalar traefik es haciendo uso de **docker compose** creando un archivo **docker-compose.yml** con la siguiente configuración:

```
version: '3'
services:
  reverse-proxy:
    image: traefik:alpine
    command: --api --docker
    ports:
      - "80:80"
      - "8080:8080"
    volumes:
      - /var/run/docker.sock:/var/run/docker.sock
```

Posteriormente ejecutaremos el comando **docker-compose up -d reverse-proxy** y si todo funciona correctamente al acceder a http://localhost:8080, podríamos ver el dashboard funcionando.

```
$ docker-compose up -d reverse-proxy
Creating network "traefik_default" with the default driver
Pulling reverse-proxy (traefik:v2.0)...
v2.0: Pulling from library/traefik
89d9c30c1d48: Pull complete
275722d2e7f6: Pull complete
918c69894121: Pull complete
25558e59d836: Pull complete
Digest: sha256:df0671f3cd101dad36b444e0fc586bedc05604ecda10f33b5d1f3487816d8c9f
Status: Downloaded newer image for traefik:v2.0
Creating traefik_reverse-proxy_1 ...
Creating traefik_reverse-proxy_1 ... done
$ docker images
REPOSITORY          TAG          IMAGE ID          CREATED          SIZE
traefik             v2.0         2874b2a534b9      5 months ago     69.3MB
ubuntu              latest       2ca708c1c9cc      8 months ago     64.2MB
```

Ahora que tenemos una instancia de Traefik en funcionamiento, implementaremos nuevos servicios. Podríamos editar el archivo **docker-compose.yml** y añadir la siguiente configuración correspondiente a un contenedor que devuelve información :

```
webapp:
  image: containous/whoami
  labels:
    - "traefik.http.routers.whoami.rule=Host(`2886795282-80-frugo04.environments.katacoda.com`)"
```

La configuración anterior define un service webapp como un servicio web que genera información sobre la máquina en la que se implementa (su dirección IP, host, etc.).
Podríamos iniciar el servicio webapp con el siguiente comando de **docker compose:**

```
$ docker-compose up -d webapp
```

Cuando Traefik detecta nuevos servicios, crea las rutas correspondientes para que pueda llamarlos. Si al acceder al servicio web vemos como respuesta la información relativa a dicho servicio a nivel de red, esto significa que Traefik ahora reenvía tráfico externo a la aplicación web.

Si necesitamos escalar el servicio podemos ejecutar más instancias de su servicio de aplicación web con el siguiente comando:

```
$ docker-compose up -d --scale webapp=2
```

Al volver a cargar la URL del servicio, la salida mostrará alternativamente las 2 instancias diferentes de la aplicación web de servicio. Esto significa que Traefik ahora está equilibrando la carga de peticiones externas a una de las 2 réplicas de la aplicación web de servicio web. En el sitio web de katacoda podemos encontrar un escenario para realizar pruebas:

- **https://www.katacoda.com/dduportal/courses/traefik-v2-getting-started/quickstart**

7. Introducción a Service mesh

En la actualidad se hace cada vez más común ver cómo las empresas de desarrollo de software optan por arquitecturas basadas en microservicios para dotar a sus aplicaciones de todas las ventajas que pueden llegar a proporcionar este tipo de modelos entre las que podemos destacar la modularidad, escalabilidad y resiliencia.

Gracias a esta creciente demanda, es cada vez más amplia la gama de frameworks orientados al desarrollo de microservicios (Spring Boot, VertX) y herramientas basadas en contenedores (Docker, Docker Swarm, Kubernetes, Openshift) que buscan resolver muchos de los problemas derivados de la construcción y despliegue de este tipo de soluciones.

Con el objetivo de pasar de una aplicación monolítica a una basada en microservicios, a medida que un clúster va creciendo podríamos llegar a tener múltiples servicios corriendo con diferentes versiones, en diferentes entornos, etc. Esto hace que sea muy difícil de mantener el clúster y monitorizar cada uno de los microservicios.

En este punto son muchos los retos que quedan por resolver, sobretodo los relacionados con la **implementación de mecanismos de comunicación entre los diversos componentes que se encuentran en servicios separados.**

En este sentido, es muy habitual que se establezcan comunicaciones punto a punto, proveyendo a cada microservicio de la lógica adicional necesaria para controlar los aspectos más importantes, como el enrutamiento, la tolerancia a fallos, la latencia, el descubrimiento de servicios, la trazabilidad distribuida y la seguridad de los mismos.

De este tipo de soluciones, el principal inconveniente es la complejidad y esfuerzo añadido a la propia solución de negocio a la que se le busca dar respuesta.

En este punto, Service mesh trata de ofrecer un nuevo paradigma para la **gestión de las comunicaciones entre componentes en las arquitecturas orientadas a microservicios**.

El concepto de Service Mesh nace como un mecanismo para solucionar este conjunto de características y pretenden definir una tipología de patrones de arquitectura sobre la infraestructura en lugar de hacerlo sobre el propio código, es decir, el código base de la aplicación se centrará en la lógica de negocio y la Service Mesh se ocupará de la gestión del tráfico de red.

7.1. Definición de Service Mesh

Un Service Mesh es una capa de infraestructura configurable para una arquitectura basada en microservicios y permite que la comunicación entre instancias de diferentes servicios sea flexible, confiable y rápida. La propia infraestructura también tiene la capacidad de proporcionar la detección de servicios, balanceo de carga, cifrado, autenticación y autorización, así como el soporte para el patrón de **circuit break** y otras capacidades.

El Service Mesh se implementa al proporcionar una instancia de proxy, llamada **sidecar**, para cada instancia de servicio. Los sidecars tienen como objetivo manejar las comunicaciones entre servicios, la monitorización de los mismos y en general cualquier característica que se pueda abstraer de los servicios de forma individual.

De esta manera, los desarrolladores pueden centrarse en el desarrollo, el soporte y el mantenimiento del código de la aplicación y de los diferentes microservicios y el equipo de DevOps puede mantener el Service Mesh con el objetivo de monitorizar dichos microservicios.

La responsabilidad principal del Service Mesh es resolver las peticiones de un microservicio A a microservicio B de una manera confiable y segura. Desde el punto de vista funcional, esto es algo similar a la función de un ESB (Enterprise Service Bus) donde se interconectan sistemas heterogéneos para la comunicación de mensajes. La principal diferencia es que en una Service mesh tenemos una red distribuida de componentes en lugar de un componente centralizado.

Esto hace que sea más fácil para los desarrolladores crear aplicaciones políglotas y desacoplar la lógica de negocio y las tareas de “instrumentación” típicas de las arquitecturas distribuidas. Algunas de las funcionalidades que se esperan de una buena implementación de Service Mesh son:

- **Soluciones básicas de alta disponibilidad** basadas en el patrón circuit-breaker.
- **Descubrimiento de servicios** a través de un registro de servicio dedicado.
- **Capacidades de enrutamiento** de peticiones a diferentes versiones de microservicios, así como **la generación y almacenamiento de métricas**.
- **Seguridad a nivel de transporte (TLS) y gestión de claves.**
- **Mecanismos de autenticación/autorización.**
- **Soporte para despliegue de contenedores.**
- **Soporte a la comunicación entre servicios** a través de diferentes protocolos (HTTP/1.1, HTTP/2, gRPC)

7.2. Arquitectura de un Service Mesh

Para poder llevar a cabo toda la funcionalidad que pretende aportar un Service Mesh, sería necesario implementar algunos de los patrones de diseño y de aplicaciones distribuidas ya estudiados. Además, introduciremos otro patrón llamado **sidecar** donde un servicio principal se ve ampliado mediante uno paralelo (como un sidecar unido a su motocicleta) sin acoplamiento e incluso a veces sin conocimiento de su existencia.

7.2.1. Plano de Datos

El Plano de Datos representa las instancias de los servicios del Service Mesh, sus proxies sidecar y las interacciones entre ellos. Sus principales funciones son:

- **Descubrimiento de servicios (Service Discovery).**
- **Comprobación de disponibilidad (Health check).**
- **Enrutamiento y balanceo de carga: time-out, reintentos, circuit-breaker, fail-over.**
- **Securización y control de acceso (autenticación / autorización).**
- **Visibilidad: métricas, monitorización, logging y trazabilidad.**

En la siguiente imagen podemos ver el **modelo de comunicaciones utilizando proxies basado en el patrón sidecar.**

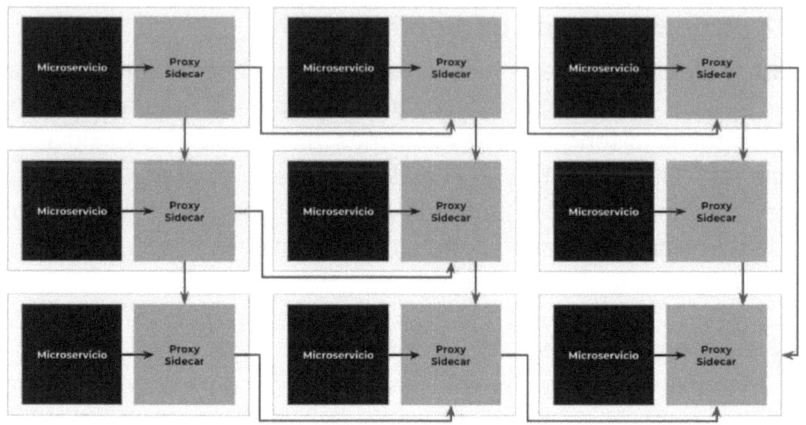

7.2.2. Plano de Control

A pesar de que son los propios sidecars los que proporcionan las funcionalidades mencionadas anteriormente, es dentro del plano de control donde se realiza la configuración global de estas funcionalidades y quien permite configurar los sidecars para convertirlos en un sistema distribuido.

En un Service Mesh, el plano de control es el **responsable de configurar la red de sidecars** para dotar al mismo de las caracterśiticas relacionadas con enrutamiento, descubrimiento de servicios y balanceo de carga.

Dado que un Service Mesh está formado por un conjunto de elementos ligeros, podríamos pensar en la posibilidad de implementar algún elemento centralizado o plano de control que permita gestionar estas instancias de microservicios para poder implementar políticas de control, monitorización y recolección de métricas.

7.3. Implementaciones de Service Mesh

Un caso de uso común para una arquitectura basada en un Service Mesh es aquel en que se desarrollan aplicaciones con arquitecturas orientadas a microservicios utilizando contenedores y plataformas de orquestación. Los primero en adoptar este tipo de implantaciones de microservicios incluyen compañías como Netflix y Twitter, que ofrecen servicios a millones de usuarios.

Aunque son ya varias las compañías que han hecho públicas sus soluciones de Service Mesh, podríamos destacar las siguientes implementaciones:

- **Istio** https://istio.io/docs/concepts/what-is-istio
- **Linkerd** https://linkerd.io

7.4. Istio

Istio es un producto Open source que implementa un **service mesh** que permite controlar el intercambio de datos entre los microservicios. Incluye una API que le permite integrarse a cualquier plataforma de registro, telemetría o sistema de políticas. El diseño de esta plataforma facilita su ejecución en distintos entornos: on-premise, alojados en la nube, en contenedores de Kubernetes o incluso en servicios que se ejecutan en máquinas virtuales.

- **https://www.redhat.com/es/topics/microservices/what-is-istio**
- **https://docs.microsoft.com/es-es/azure/aks/servicemesh-istio-install?pivots=client-operating-system-linux**

Istio brinda información del comportamiento y control operativo sobre la red de servicios y los microservicios desplegados en la red. Las funciones de Istio le permiten ejecutar una arquitectura de microservicios distribuida. Estas son algunas de sus funciones:

- **Gestión del tráfico:** el enrutamiento del tráfico y la configuración de las reglas en Istio le permiten controlar el flujo del tráfico y las llamadas a la API entre los servicios.
- **Capacidad de observación**: obtenga información sobre la implementación de su red de servicios con las funciones de registro, supervisión y seguimiento de Istio.

Esto se consigue configurando proxies basados en "**Envoy**", que es añadido a los pods como container "sidecar", e impone el flujo natural del tráfico al backend apropiado, mientras inhabilita a otros servicios que se comuniquen con este. Además, los servicios no se comunican directamente, sino que lo hacen a través de sus contenedores sidecar ("Envoy"). El responsable de este proceso es el "Pilot".

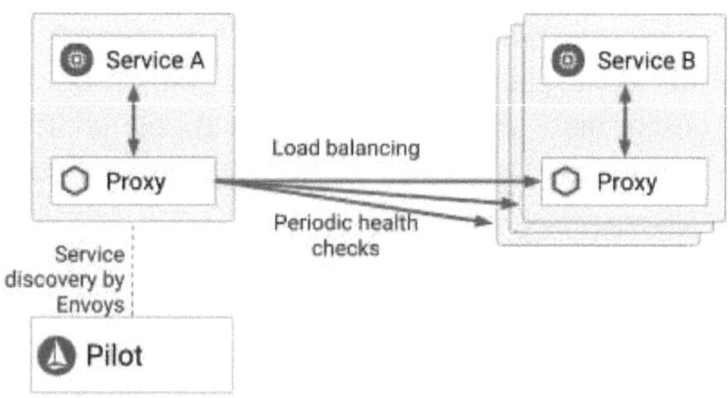

En la imagen anterior se puede ver que los servicios A y B solo se comunican directamente con sus contenedores sidecar Envoy asociados. De esta forma, si el servicio A quisiera enviar un paquete al servicio B, se lo pasaría a su contenedor Envoy, que se lo enviaría al contenedor Envoy del servicio B, que a su vez se lo pasaría al servicio B.

Si el servicio B tuviera varias réplicas, Pilot se encargaría de la distribución de la carga de forma homogénea. De esta forma, se podría configurar para que un porcentaje de peticiones o las peticiones con ciertas cabeceras vayan a un servicio B'.

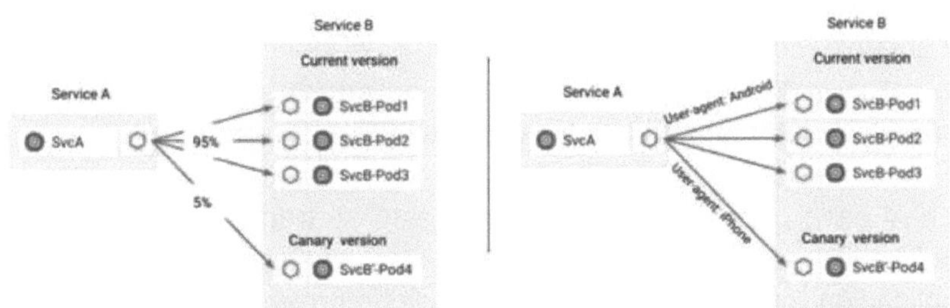

La recolección y visualización de las métricas se realiza a través de un componente llamado **Mixer**. Este componente aplica políticas de cumplimiento a lo largo de la malla, por ejemplo, comprobando si un servicio A está configurado para comunicarse con otro servicio B. En caso de que detecte que 2 servicios pueden comunicarse empieza a recoger métricas de los containers sidecar Envoy y otros servicios.

Istio viene configurado con varios adaptadores de Mixer que permiten con mínima configuración conseguir un fin en particular, como por ejemplo tener los logs y las métricas en la herramienta de nuestra elección. Por ejemplo, para la monitorización en Prometheus, pasariamos las métricas al adaptador de Prometheus y el Mixer se encargaría de recoger las métricas que le enviaría Prometheus.

7.4.1. Patrón sidecar en istio

Istio funciona utilizando el **patrón sidecar** que, como su nombre indica, es similar al concepto de un sidecar en una motocicleta. En este patrón una parte de las funcionalidades de la aplicación son trasladadas a un segundo componente, proporcionando aislamiento y encapsulación de la aplicación original. El sidecar, básicamente es la pieza que acompañará a nuestra aplicación e implementará un proxy que intercepte todas las comunicaciones de red.

En el caso concreto de Kubernetes esto se traduce en que dentro del pod se ejecutarán, además del contenedor de nuestra aplicación, otro contenedor que será dicho proxy, en el caso de istio es un proxy Envoy **https://www.envoyproxy.io.**

7.4.2. Arquitectura de istio

La arquitectura de Istio se divide en el plano de datos y el plano de control. En el plano de datos, el soporte de esta plataforma se añade a un servicio mediante la implementación de un proxy de sidecar dentro de su entorno. Este proxy de sidecar se encuentra junto a un microservicio y envía las solicitudes desde y hacia otros proxies.

En conjunto, dichos proxies forman una red que intercepta la comunicación de red entre los microservicios. El plano de control gestiona y configura los proxies para enrutar el tráfico. Este plano también configura los elementos para aplicar las políticas y recopilar datos de telemetría.

Las piezas que componen la arquitectura de istio se pueden categorizar en dos grupos diferentes conocidos como planos:

- **Plano de datos**: es la parte que corresponde a los sidecar-proxies que se ejecutarán en conjunto con cada servicio de la aplicación interceptando su tráfico de entrada y salida.
- **Plano de control:** es la parte encargada de gestionar y configurar en los proxies de cada servicios las reglas de enrutado y políticas de seguridad. En esta parte podemos encontrar componentes como Pilot, Mixer e istio-Auth.

La siguiente imagen muestra la arquitectura general de istio con sus diferentes piezas. En ella podemos ver cómo para cada servicio tenemos un proxy Envoy. Dichos proxies son los que realizan las comunicaciones entre los servicios a través del componente Mixer que se encuentra en el plano de control.

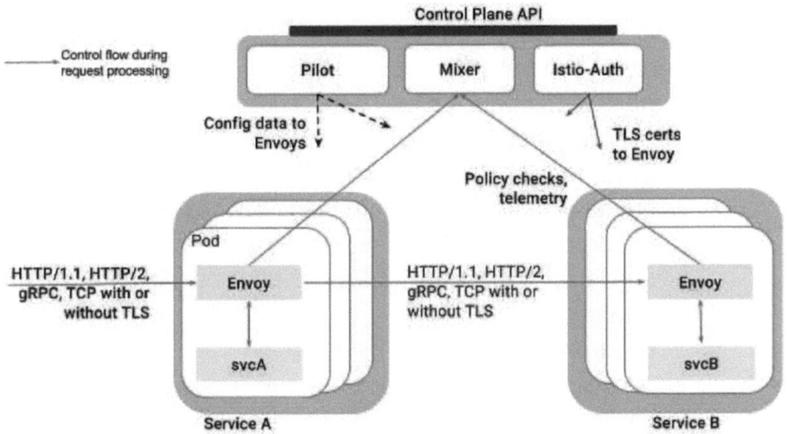

En la imagen anterior vemos como los proxies se comunican con Mixer para la gestión de métricas y Pilot nutre de información a los proxies Envoy sobre el registro y configuraciones.

Para cada uno de nuestros servicios, Istio crea un proxy envoy, que es el encargado de realizar las comunicaciones entre los diferentes servicios. Istio tiene elementos como Pilot, Mixer y Citadel, que son los responsables de poder configurar, generar los certificados y recoger toda la telemetría de las comunicaciones.

A continuación vamos a ver las diferentes piezas que componen la arquitectura en mayor detalle:

- **Proxy Envoy.** Es la pieza encargada de interceptar todo el tráfico de entrada y salida al contenedor de la aplicación. Se comunica con el resto de piezas para llevar a cabo funcionalidades como son el balanceo, circuit breaking y gestión de timeouts.
- **Mixer.** Se encarga del control de acceso y de recibir las métricas generadas por las llamadas en los proxy Envoy. Para ello, Mixer actuará como intermediario de forma que si un servicio A se quiere comunicar con un servicio B, el servicio A interactúa con él, antes de llamar al servicio B. Las funcionalidades principales proporcionadas por Mixer se podrían agrupar como:
    - **Verificación de precondiciones**: se comprueba que se pueden realizar las llamadas. Dichas precondiciones pueden incluir autenticación, por ejemplo, comprobar que el servicio que realiza la petición no esté en una lista negra.
    - **Gestión de cuota:** administración para que cuando un servicio destino dispone de recursos limitados se pueda garantizar una distribución justa entre las peticiones de llamadas por parte de otros servicios.
    - **Informe de telemetría**: permite la centralización de logs y monitorización.
- **Pilot.** Es la pieza encargada de gestionar todo lo referente a registro de servicios, enrutado y resiliencia (circuit breaking, timeouts, reintentos...). Es el punto central donde registramos

dichas configuraciones y que serán trasladadas en tiempo real a los diferentes proxies Envoy. Además, proporciona abstracción sobre la infraestructura existente de forma que los proxies Envoy no necesitan conocer la plataforma sobre la que se están ejecutando.

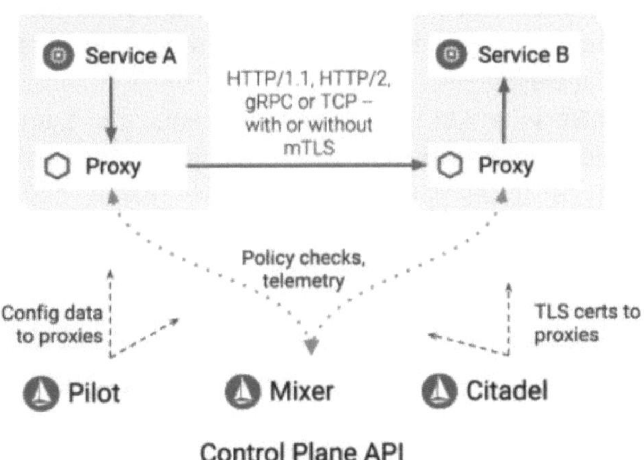

7.4.3. Gestión del tráfico en istio

Separar la gestión del tráfico y el escalado de la infraestructura permite usar funciones que se ejecutan fuera del código de la aplicación, como el enrutamiento dinámico de solicitudes para pruebas A/B, los lanzamientos graduales y las versiones Canary. Asimismo, permite gestionar la recuperación antes fallos mediante el uso de tiempos de espera y reintentos.

La principal ventaja de Istio es que está implementado como una extensión de Kubernetes, lo que hace que los objetos estén integrados dentro del API de k8s. Desde el punto de vista de la gestión del tráfico hay una serie de objetos de Kubernetes que si los combinamos con el control plane de Istio, podríamos llegar a reemplazar el ingress controller que viene por defecto con Kubernetes.

Esto implicaría un control más granular y flexible del tráfico y menor coste. Los objetos que permiten gestionar el tráfico son:

- **Gateway**: Objeto que describe cómo debe entrar el tráfico al clúster. En este objeto típicamente se definiría el puerto, el protocolo, el host e información sobre el certificado TLS. Una petición tendría que satisfacer los requisitos exigidos para entrar al clúster.
- **VirtualService**: Un VirtualService va enlazado a un Gateway. En este objeto se definen las reglas de enrutamiento que se aplican a todas las peticiones que hayan superado los requisitos del Gateway, al cual va enlazado. Una configuración típica sería distribuir el tráfico entre varios backend, según el path.
- **DestinationRule**: Objeto que define reglas que se aplican a una petición que ya ha sido enrutada hacia un servicio en particular. Puede darse el caso que tengamos varias versiones de un mismo servicio, de este forma, se podría definir un subconjunto de la aplicación y dependiendo de algunos parámetros, enviar el tráfico a una versión u otra. Estas comprobaciones se harían en el VirtualService.
- **ServiceEntry:** El objeto ServiceEntry permite añadir servicios externos al clúster, al mesh. Es decir, si quisieramos acceder a “google.com”, por ejemplo, desde un pod de dentro del mesh, no podríamos a menos que añadamos un ServiceEntry permitiendo el acceso a dicha url.

7.4.4. Seguridad en istio

A nivel de seguridad, istio provee un componente llamado **Istio-Auth** que es el encargado de la generación de certificados para las peticiones con autenticación TLS para poder comunicar servicio a servicio de forma segura.

Istio-Auth es la pieza encargada de securizar la comunicación entre servicios y usuario final con los servicios utilizando TLS. De esta forma todo el tráfico de red en el service mesh estará identificado por quién ha invocado a quién, de manera que se podrán utilizar políticas de acceso en base a identidad en lugar de control de red.

Con Istio las comunicaciones entre servicios están protegidas de manera predeterminada, por lo que los cambios a introducir en la aplicación son mínimos o inexistentes. Además, puedes aplicar políticas de red de Kubernetes que se encuentran ya definidas. Entre las principales características que ofrece el componente podemos destacar:

- **Autenticación de servicios robusta**.Istio sólo permite el acceso a servicios que dispongan de información sensible mediante clientes autorizados y con funciones de autenticación robustas.
- **Control de acceso basado en roles**. El control de acceso basado en roles (RBAC) de Istio ofrece funciones de control de acceso a nivel de espacio de nombres y de servicio.
- **Autenticación TLS mutua.** Istio mejora la seguridad de los microservicios y su comunicación, tanto entre servicios como con el usuario, sin necesidad de hacer cambios en el código del microservicio.
- **Gestión de claves y certificados**. El sistema de gestión de claves de Istio automatiza la generación, distribución, rotación y revocación de claves y certificados.
- **Identidad**: Istio utiliza las service accounts de Kubernetes

para identificar quién ejecuta un servicio. El uso de serviceaccounts nos da mucha potencia por su gran flexibilidad para identificar máquinas, usuarios, procesamientos o grupos de procesamiento.

- **Comunicación segura:** La securización a nivel de comunicaciones se realiza en los proxies Envoy en base a 3 características:
  - Los servicios solo se comunican con su proxy Envoy a través de conexiones locales TCP.
  - Los proxies se comunican de forma segura utilizando TLS mutuo.
  - Durante el proceso de handshake se comprueba que la serviceaccount identificada en el certificado del servidor tiene permisos para ejecutar dicho servicio.

Las ventajas de usar Istio junto con **políticas de red de Kubernetes** incluyen la capacidad para proteger la comunicación de pod a pod o de servicio a servicio en las capas de la aplicación y la red. También podríamos usar Istio en Google Cloud con el objetivo de desplegar en la infraestructura de Google de una forma más segura

7.4.5. Instalación en local de istio

Istio dispone de una muy buena documentación en su sitio web e incluye un montón de ejemplos de las diversas funcionalidades y sus configuraciones necesarias.

De cara a la instalación, podríamos utilizar la plataforma de Openshift, la solución de Red Hat para orquestación de contenedores basado en Kubernetes. Aunque está basado en Kubernetes, las diferencias entre desplegar Istio en Openshift o en el propio Kubernetes son mínimas (básicamente la herramienta de línea de comandos de cada una: ‘oc’ para Openshift y ‘kubectl’ para Kubernetes).

Si optamos por elegir la plataforma de **Openshift**, podríamos realizar una instalación en local de la herramienta **MiniShift**, que nos permite levantar un cluster de un solo nodo sobre una máquina virtual. En la documentación oficial de openshift podemos encontrar las instrucciones para arrancarlo:

- **https://docs.openshift.org/latest/minishift/index.html**
- **https://github.com/kubernetes/minikube**

Las instrucciones de instalación también se pueden encontrar en la propia documentación de Istio, que puede instalarse sobre diversas plataformas, desde el propio Kubernetes pasando por entornos basados en Consul o Eureka, hasta en CloudFoundry o Mesos.

- **https://istio.io/docs/setup/kubernetes**

Istio incluye una aplicación de ejemplo que nos permite probar la funcionalidad del mismo, así como realizar los diversos ejemplos incluidos en su web **https://istio.io/docs/examples.**

En el sitio web de istio podemos encontrar la siguiente aplicación de ejemplo **https://istio.io/docs/guides/bookinfo.html.** Se trata de una aplicación con varios microservicios, cada uno desarrollado en un lenguaje diferente y en el caso del microservicio 'reviews' tenemos tres versiones desplegadas.

7.5. Linkerd

Linkerd es un proxy de red open source desarrollado en Scala y ejecutado sobre la máquina virtual de Java que ha sido diseñado para ser desplegado como Service Mesh. Su principal objetivo es hacer de enlace entre las diferentes piezas de una aplicación diseñada con una arquitectura basada en microservicios, controlando y monitorizando la comunicación entre los distintos componentes de una aplicación distribuida.

Un punto fuerte es la capacidad de integrarse con otras plataformas entre las que podemos destacar **Prometheus** para métricas/monitorización, **Zipkin** como sistema de trazabilidad distribuida, o **Zookeeper** y **Consul** para descubrimiento de servicios.

Al comparar Linkerd con respecto a otros Services Mesh, vemos que Linkerd solo trabaja a nivel de plano de datos, es decir, no tiene "control plane" (o plano de control) de la misma forma que implementan otros. Esto quiere decir que la malla de proxies no está gestionada por un punto común. Como detalle, destacar que Linkerd puede ser usado como plano de datos de Istio.

Linkerd se puede desplegar en modo "**proxy por host"** o en modo **sidecar**:

- En la instalación proxy por host, una instancia de Linkerd se despliega para todas las instancias de servicios de nuestra arquitectura. Esto quiere decir que hay una relación 1.n entre el proxy y las instancias de los servicios.
- En la instalación en modo **sidecar** tenemos un proxy por cada instancia de servicio. En este caso tenemos una relación 1..1 entre proxy y las instancias.

La principal diferencia entre ambas soluciones es que el despliegue en modo proxy por host es menos exigente a nivel de recursos ya que sólo tendremos una instancia de proxy por nodo. Mientras que la instalación en modo sidecar es más versátil pero es más exigente en cuanto al uso de recursos de la máquina.

7.5.1. Funcionamiento de linkerd

Independientemente de la topología de despliegue, Linkerd levantará varios puertos para gestionar el tráfico de red de los diferentes protocolos soportados por nuestra arquitectura. Se configurarán puertos distintos en función de si el tráfico es de entrada o salida. Una arquitectura típica, en la que Linkerd hace de proxy entre varios componentes, publicará los siguientes puertos:

- Puerto HTTP de entrada.
- Puerto HTT de salida.
- Puerto para la administración y monitorización del proxy (normalmente el 9990).

El proxy recibirá los mensajes de entrada en el puerto de entrada. Antes de enviar la petición a los diferentes servicios se realizarán tareas relacionadas con la recolección de métricas y la creación de cabeceras.

Al realizar la petición al servicio, éste ejecutará su lógica y si tiene que hacer una comunicación por HTTP con otro componente de la arquitectura lo realiza a través del proxy por el puerto de salida mencionado anteriormente, En este punto, el proxy realizará tareas relacionadas con el descubrimiento de servicios y balanceo de carga.

7.6. Conclusiones Service Mesh

Service mesh proporciona una capa de infraestructura dedicada a hacer las comunicaciones servicio a servicio seguras, rápidas y confiables, así como ayudarnos en el despliegue de los servicios.

A medida que Kubernetes ha madurado como tecnología, las services mesh se han convertido en un tema de relevancia, con varios productos en desarrollo para resolver los desafíos asociados con áreas como la gestión del tráfico, la seguridad y la observabilidad.

Plataformas como las analizadas son excelentes alternativas si piensa que la aplicación que están desarrollando necesita adoptar estos patrones. Linkerd es un producto interesante para aquellos que no hayan dado el paso a Kubernetes y que estén buscando un service mesh fiable y con soporte a nivel de documentación y de la comunidad. Para aquellos que ya usen Kubernetes, la solución de istio es la que mejor se integra con el orquestador de contenedores.

Las dos soluciones comentadas usan una arquitectura similar al separar un "plano de control" que gestiona las rutas que toman los datos a nivel de clúster de un "plano de datos" que se ocupa de las funciones y procesos que envían datos de una interfaz a otra dentro de la malla.

Para el plano de datos, las 2 soluciones utilizan el patrón de "sidecar" que coloca un proxy que se ejecuta en un contenedor separado dentro de cada pod. Este contenedor sidecar recibe los datos y los envía a la aplicación. También realiza el trabajo que implica mover o transformar los datos a otros pods o espacios fuera del clúster. Istio utiliza el proxy Envoy para realizar esta función, que parece ser la opción mejor documentada y apoyada por la comunidad.

En cuanto a la **gestión del tráfico** la solución de Istio es la que ofrece más funciones de administración de tráfico. Linkerd incluyen algunas funcionalidades entre las que podemos destacar la posibilidad de realizar reintentos en caso de fallo, añadir reglas de enrutamiento, servidores virtuales y proporcionar equilibrio de carga. Istio es particularmente bueno con respecto a la **gestión de políticas**, ya que permite a los administradores establecer reglas que determinan qué aplicaciones pueden comunicarse entre sí.

Es importante comentar que las arquitecturas basadas en Service Mesh no siempre serán la solución a todos los problemas de desarrollo y despliegue de aplicaciones basadas en microservicios. Los arquitectos y desarrolladores tienen una gran cantidad de herramientas disponibles para necesidades específicas, por lo que pensar que siempre podemos utilizar un Service Mesh puede ser muy costoso a nivel de recursos y de tiempo.

8. Plataformas serverless

La tecnología Serverless es un nuevo concepto que se está expandiendo con fuerza por las ventajas que ofrece. El término serverless implica que dejas de usar un servidor físico o uno en la nube claramente identificados, y en su lugar pasas a usar unos contenedores temporales y sin estado donde se ejecutan los códigos de las aplicaciones. Estos contenedores se crean en el momento que ejecutas la aplicación y luego desaparecen, por lo que el servidor pasa a ser una parte menos visible del sistema.

Esta tecnología se asocia con **Function as a Service(FaaS)** o arquitectura serverless. Este tipo de servicio es proporcionado por un proveedor cloud (Azure, AWS, Google) donde se facilita un servidor (físicos o cloud), la asignación dinámica de sus recursos, una configuración concreta para diferentes lenguajes de programación que podríamos utilizar y una función de entrada como contrato que contenga la lógica de nuestra aplicación en alguno de los lenguajes soportados por cada plataforma.

En los últimos años se han ido desarrollando diferentes proyectos que han ido surgiendo en las diferentes plataformas cloud entre las que podemos destacar:

- **AWS Lambda**
    - **https://aws.amazon.com/es/lambda**
- **Microsoft Azure Functions**
    - **https://azure.microsoft.com/es-es/services/functions**
- **OpenFass (open source)**
    - **https://www.openfaas.com**
- **Google Cloud Functions**
    - **https://cloud.google.com/functions**

El mayor beneficio del uso de estas plataformas se produce a nivel de costes ya que sólo necesitas preocuparte por el código de tu aplicación y toda la parte de infraestructura a nivel de gestión de recursos tales como memoria y CPU son administrados por el proveedor. La razón principal por la que es más barato ejecutar aplicaciones serverless es que pagas por cada petición que realices.

8.1. Introducción a serverless

La tecnología Serverless te permite trabajar con un servidor temporal con los servicios adaptados a lo que necesitas durante el proceso. Entre las principales ventajas de trabajar con serverless podemos destacar:

- En este tipo de arquitecturas la principal ventaja es que desde el punto de vista del desarrollador no tenemos que preocuparnos por la infraestructura.
- Ya no tienes que realizar mantenimiento de los servidores donde se encuentran desplegadas las aplicaciones. El código se ejecuta en un contenedor temporal, que no vas a tener que gestionar, instalar software o estar pendiente de las actualizaciones.
- El sistema lo puedes escalar de manera horizontal todo lo que lo necesites. Podrás añadir tantas máquinas a nivel de clustering y balanceo de carga conforme la aplicación lo vaya necesitando.
- Las funciones que utilizas las puedes integrar con el resto de servicios que ofrece la plataforma, como son logging, virtualización o creación de endpoints.

En este tipo de arquitecturas se ejecuta el código que hayamos creado basado en distintos eventos. De esta forma, no es necesario tener una máquina con nuestro código y un servidor de aplicaciones que lo ejecute, simplemente cuando ocurra un evento que definamos se ejecutará el código que hayamos configurado. Para su funcionamiento, la arquitectura sin servidor requiere un forma de encapsular y organizar funciones independiente de la plataforma.

Si comparamos estas funciones con los microservicios, conceptualmente son similares, pero presentan diferencias en los casos de uso que abordan. Un microservicio divide la aplicación grande en aplicaciones pequeñas que están desacopladas y que son independientes pero que se conectan entre sí o interaccionan para que la aplicación funcione.

Las funciones son más pequeñas que los microservicios y tratan de ser desacopladas. Se suele considerar que una función se ejecuta de forma más esporádica que un microservicio, además de que una función consume menos recursos que un microservicio.

8.2. Manifiesto Twelve-Factor App

El manifesto Twelve-Factor app nos ofrece un conjunto de buenas prácticas para el desarrollo de aplicaciones en la nube y poder desplegarlas de forma serverless.

Se trata de un manifiesto que data de 2012, creado por desarrolladores experimentados en la creación y despliegue de aplicaciones en la nube, y que recoge los 12 puntos claves que ellos consideran que se deberían cumplir para el **desarrollo y despliegue de este tipo de aplicaciones de forma nativa**.

El manifiesto es de libre acceso y está traducido a diferentes idiomas, entre ellos el español en la dirección https://12factor.net/es así que comentaremos los puntos más importantes. Entre los principales **objetivos del manifiesto** podemos destacar:

- Es importante usar configuraciones que se puedan automatizar.
- Despliegue continuo, por tanto requiere coordinación de entornos.
- Permite la creación aplicaciones teniendo en mente la escalabilidad de la misma.

A continuación vamos a explicar como mayor detalle cada una de las reglas:

- **Uso de repositorios para el código:** debemos tener un código base y usar un sistema de control de versiones para manejar los cambios. El código debe estar en repositorios y es desde ahí donde se harán los despliegues a los entornos.
- **Dependencias y librerías**: las dependencias y librerías que use nuestro proyecto deberían estar declaradas en un fichero de forma unificada, por ejemplo usando un **package.json** para las dependencias de un proyecto **javascript** o un **pom.xml** para un proyecto basado en maven con las librerías de java. Todas las dependencias de la aplicación deben ser explícitas y existir un sistema automático que las instale si no existen. Por ejemplo, en un proyecto **Java** podríamos utilizar **Maven** o **Gradle** como sistemas para gestionar e instalar las dependencias en los diferentes entornos en los que se vaya a desplegar la aplicación.
- **Configuraciones**: Si cogemos nuestra aplicación y la desplegamos en otros entornos como preproducción, QA o producción, posiblemente existan cambios, pues todos estos cambios tienen que ir dentro de un fichero de configuración. El

código no puede tener configuraciones, sino que deben ser separadas en otros recursos dependientes del entorno,por ejemplo haciendo uso de **variables de entorno** o **ficheros de properties.** De esta forma, el código debe hacer referencia a las variables de configuración, lo que permite instalar el mismo código en diferentes entornos.

- **Backing services**: cuando estamos trabajando con backing services, por ejemplo una base de datos, nuestra aplicación debería abstraerse de donde tenemos desplegados estos servicios en los diferentes entornos. Por ejemplo, si estamos trabajando con una base datos en nuestra máquina de desarrollo, en otros entornos estará ejecutándose en otro host, pero cuando consumimos este servicio no deberíamos tener que ir modificando ningún parámetro dependiendo desde donde se encuentre el mismo. Si la aplicación necesita una base de datos, será tratada como un recurso independiente, con su URL y su instalación, que deben ser proporcionados a la aplicación. Si un servidor de bases de datos proporciona 2 esquemas diferentes, serán tratados como si estuvieran en servidores diferentes, aunque posteriormente sus URL y credenciales pueden coincidir.
- **Construir, desplegar, ejecutar**: nuestra aplicación debe seguir estas fases, tiene que existir un pipeline que permita desplegar nuestra aplicación en los diferentes entornos. Cada una de las etapas del pipeline deben ser tratadas de forma independiente y con un control de las versiones que se van distribuyendo acorde a un sistema preestablecido.
- **Persistencia**: los diferentes servicios se tienen que ejecutar como uno o más procesos sin estado. En este sentido lo que se hace es crear un backing service con un memory data grid o con sistemas de caché distribuidos, para tener almacenado el estado de los diferentes servicios. Para almacenar la información que sea necesaria podríamos utilizar a nivel de backing service soluciones como **Redis**-**Memcache**.

- **Asignación de puertos**: el código de la aplicación no debería considerar a priori la asignación de los puertos ya que debe ser la configuración la que establezca los puertos de cada servicio o componente. Esto es similar a lo que sucede con los microservicios con Docker: en una misma máquina hay diferentes procesos escuchando en puertos configurados y que podemos tener incluso procesos que actúan como Backing services de otros.
- **Concurrencia**: al desarrollar y desplegar nuestra aplicación tendríamos que pensar en cómo manejar la concurrencia a la hora de recibir peticiones de forma simultánea de diferentes clientes. Por ejemplo, podríamos tener más instancias o bien manejar varios hilos de ejecución para el mismo servicio. La razón principal es la naturaleza distribuida y la capacidad para escalar levantando nuevas máquinas. Los procesos nunca deberían ser de tipo demonio, sino delegar en el sistema operativo y los mecanismos que dispone.
- **Tiempos de arranque y parada**: las aplicaciones deberían ser capaces de arrancar sus procesos de la forma más rápida posible y responder de forma controlada cuando sea necesario pararla por un reinicio del servidor. Reducir estos tiempos también nos ofrece la posibilidad de escalar tanto de forma vertical como horizontal de una forma más eficiente.
- **Entornos de desarrollo y producción**: los entornos tienen que ser bastante similares en los diferentes entornos, tanto en desarrollo, preproducción como en producción. Esto se hace con despliegues continuos, lo que implica automatizar los despliegues lo máximo posible, que el personal de desarrollo sea mucho más consciente del entorno de producción y que incluso se compartan modos de trabajo entre entornos. En este punto encontramos diferentes herramientas que nos pueden ayudar como **puppet, chef y ansible.**
- **Logs**: Lo ideal sería tener un buen sistema de logs y monitorización de los mismos en los diferentes entornos. Actualmente es posible disponer de sistema de procesamiento

en tiempo real como **Splunk o ELK,** que permiten monitorizar de una manera más sencilla y eficiente el comportamiento de la aplicación.

- **Administración de procesos:** Lo ideal sería que la creación o actualización de la base de datos esté contenida dentro de la propia aplicación. Además de los procesos propios de la ejecución de la aplicación, existirán procesos de tareas de administración y mantenimiento que suelen ejecutarse una única vez. Estos procesos, aunque puedan parecer secundarios, se ejecutarán con igual importancia que el resto de los procesos de la aplicación.

8.3. Distribución de aplicaciones en la nube

Las nuevas opciones para la distribución de las aplicaciones en la nube afectan a la forma de desarrollarlas y en general a su ciclo de vida: la necesidad de adaptarse a la demanda, tanto en número como nuevas capacidades, y hacerlo con una demora cada vez menor, nos fuerza a adoptar nuevos enfoques.

La distribución de aplicaciones es un mundo en constante en prácticamente todos los aspectos. Hemos pasado de aplicaciones que se ejecutaban en simple servidor web a aplicaciones distribuidas que necesitan más de un servidor web y muchas máquinas para ejecutar los diferentes servicios. Actualmente, en el mundo del cloud computing podemos clasificar los servicios en alguna de estos modelos:

- **IaaS (Infraestructure as a Service):** Modelo basado en que un proveedor se encarga de la distribución de la infraestructura necesaria. Se refiere a la posibilidad de hacer uso de ordenadores en la nube, bien físicos o máquinas virtuales. En nuestro caso podremos elegir procesadores, memoria, sistema operativo, cuando acabamos el proceso nos proporcionan las credenciales de acceso con la que nos conectaremos a esa máquina y a partir de ahí se nos cobrará por su uso. Ejemplos: **Amazon EC2, Microsoft Azure**.

- **PaaS (Platform as a Service):** Modelo basado en que un proveedor se encarga de proporcionar todo lo necesario para soportar el ciclo de vida completo de puesta en marcha de aplicaciones y servidores. Nos dan por ejemplo el acceso al servidor de aplicaciones, de modo que nos abstrae del sistema operativo y del resto de componentes. Por ejemplo tenemos **Amazon Lambda, Heroku o Google App Engine**, donde simplemente subimos el fichero .war con nuestra aplicación. En nuestro caso podremos elegir aplicaciones, sus versiones, acceso y todo lo que tiene que ver con su infraestructura pasa a ser transparente.
- **SaaS (Software as a Service):** Modelo basado en que un proveedor se encarga de proporcionar mantenimiento, soporte y operación a un cliente durante la contratación de un servicio. Lo que hacemos es comprar el uso de una aplicación bajo demanda como **Office 360 o Google Drive**.

La llegada del cloud computing y de estos nuevos modelos, ha provocado un cambio en la forma de desarrollar y mantener aplicaciones.

- Ahora tenemos la posibilidad de utilizar un gran número de máquinas.
- La popularización de Internet hace que sea factible llegar a un gran público de modo que podemos utilizar el acceso a un número más grande de máquinas para cubrir las altas demandas.
- Alta adaptación a los requerimientos de los usuarios: las aplicaciones deben tener la capacidad de responder a los cambios de requisitos de una forma ágil, por lo que deben poder desplegarse rápidamente.

8.4. Servicios serverless

Los servicios serverless se encargan de ejecutar código de funciones bajo demanda en respuesta a algún tipo de los eventos considerados sobre un entorno de ejecución "Serverless".

- **AWS Lambda**. Es el más conocido y usado del mercado. Entre las aplicaciones que puede usar están Python, Go, Java, C# o Node.js. Además, está perfectamente integrado con todos los servicios de Amazon como son DynamoDB y CloudWatch.
- **Azure Functions.** Está desarrollado por Microsoft y puedes utilizar con él aplicaciones desarrolladas en Bash, Powershell, Java, Python, C#, F#, PHP.
    - **https://azure.microsoft.com/es-es/services/functions/#features**
- **Google Cloud Functions**. Está desarrollado por Microsoft y puedes utilizar con él aplicaciones desarrolladas en JavaScript,NodeJS, Java, Python, Go. Se integra con el resto de servicios como son Firebase, Pub/Sub, Storage o Spanner.
    - **https://cloud.google.com/functions?hl=es**

Los costes de las funciones serverless se facturan solo por el tiempo que lleva su ejecución. Este coste se calcula desde el momento en que comienza a ejecutarse hasta que devuelve un resultado o termina con error. Hay que tener en cuenta que estas plataformas lo que hacen internamente es ejecutar la función dentro de un contenedor que mantienen después de que se haya completado la función Lambda, pero no se te cobrará por el mantenimiento del contenedor, sino sólo cada vez que se ejecuta la función sobre dicho contenedor.

8.5. AWS Lambda

AWS Lambda es una plataforma de computación sin servidor, dirigida por eventos y provista por AWS, que permite ejecutar código en tiempo real. Si estás ejecutando tu aplicación las 24 horas del día y los 7 días de la semana, se te cobrará por el tiempo durante el que se ejecutan las funciones en el servidor del proveedor.

Con AWS Lambda puedes ejecutar código para prácticamente cualquier tipo de aplicación o servicio de Backend. Esta función es compatible con Java, Go, PowerShell, Node.js, C#, Python y Ruby. Además, proporciona una API que le permite utilizar cualquier lenguaje de programación adicional para crear sus funciones.

AWS Lambda permite añadir diferentes tipo de **eventos** en el código como eventos de buckets de S3, el servicio de almacenamiento de Amazon y, por ejemplo, podríamos usarlo para gestionar las subidas de archivos en una plataforma de gestión documental donde los usuarios suben un archivo y éste se almacena en un bucket S3. El evento es recogido por un código que se podría encargar posteriormente de actualizar los datos en una base de datos alojada en Amazon a través del servicio Dynamo DB **https://aws.amazon.com/es/dynamodb**

8.5.1. AWS API Gateway

Para la mayoría de las aplicaciones basadas en microservicios tiene sentido implementar una API que actúe como un único punto de entrada en un sistema, asumiendo la responsabilidad del enrutamiento de las peticiones. En el caso de AWS lambda podemos destacar que todas las peticiones se centralizan en un componente llamado **Amazon API Gateway.**

- **https://aws.amazon.com/api-gateway**
- **https://docs.aws.amazon.com/es_es/lambda/latest/dg/welcome.html**

Este servicio de Amazon nos permite crear, implementar y administrar una interfaz de programación de aplicaciones (API) REST para exponer los endpoints HTTP del backend, funciones AWS Lambda u otros servicios de AWS.

Basándonos en estos endpoints podríamos configurar qué código del que tenemos en AWS Lambda se ejecutará cada uno de ellos. De esta forma no tenemos que tener ningún servidor donde resida nuestro código, sólo lo subimos y configuramos la API para que ejecute ese código.

Gracias a las políticas de autoescalado que podemos configurar en Amazon podemos hacer servicios que siempre respondan independientemente de la carga que tengan. Entre las principales características de este servicio podemos destacar:

- **Múltiples versiones y simplicidad en el despliegue.** Permite ejecutar varias versiones de la misma API simultáneamente, lo que facilita la iteración y publicación de nuevas versiones de una forma más ágil. Por ejemplo, es posible definir diferentes fases de publicación (o bien llamados entornos integración, preproducción y producción).
- **Autoescalado.** Dispone de un sistema de escalado automático con el fin de administrar y gestionar la cantidad de tráfico recibido. Por ejemplo, mediante el manejo de un alto número de peticiones concurrentes.
- **Control de las peticiones**. Como un complemento al auto escalado, también provee un sistema de limitación controlada, que permite la gestión del tráfico de peticiones simultáneas. Es decir, si dicha característica está activada, todas las peticiones excedentes al umbral definido serían descartadas y así, en cierta manera, podríamos evitar que se desborde la infraestructura backend durante picos de tráfico que podría tener la aplicación.
- **Caché de peticiones**. Con el objetivo de mejorar el

rendimiento evitando las llamadas innecesarias al backend sería posible activar el sistema de caché.

- **Gestión de la seguridad.** La seguridad puede gestionarse a través de un conjunto de herramientas que provee AWS, que permiten controlar la autenticación y el acceso a las diferentes operaciones de una API. Estas herramientas permiten la identificación, definición de políticas de acceso y la verificación de tokens de autenticación. Entre las herramientas de seguridad podemos destacar:
  - **IAM (Identity Access Management)**
    - https://aws.amazon.com/iam
  - **Cognito**
    - https://aws.amazon.com/cognito
- **Comunicaciones cifradas.** Otro punto importante con respecto a la seguridad, es que todos los recursos y servicios son expuestos a través del protocolo HTTPS, es decir, el API Gateway sólo admite comunicaciones cifradas.
- **Monitorización.** Provee un conjunto de métricas sobre la cantidad de llamadas, latencia, tasa de errores sobre las APIs, así como también logs para facilitar las tareas de debugging.

Dentro de sus capacidades tenemos que destacar que es fácilmente integrable con otros servicios de AWS, siempre que los mismos pertenezcan a la misma cuenta AWS. Por ejemplo: funciones Lambda que se ejecutan a demanda y las cuales no requieren la gestión de un servidor de aplicaciones, **DynamoDB** como **base de datos NoSQL en AWS,** la cual expone todos sus servicios a través de endpoints HTTP.

En el mundo de los microservicios serverless, uno de los ámbitos más interesantes que provee API Gateway es la sencilla integración con el servicio Lambda AWS, que permite ejecutar su propio código para responder a diferentes tipos de eventos, sin la necesidad de provisionar y/o administrar servidores, además de que las funcionalidades pueden ser desarrolladas en diferentes lenguajes de programación.

Nuestro backend podría estar compuesto por diversos servicios y tecnologías, además de estar alojados en diferentes localizaciones y con la ayuda del API Gateway podemos hacer que esto sea totalmente transparente para quienes van a hacer uso de nuestra API. De esta forma, podríamos realizar una integración mixta donde cada método de nuestra API (POST, GET, PUT) esté asociado a distintos tipos de servicios y tecnologías.

En la siguiente imagen vemos que el API Gateway se encontraría en el centro de nuestra arquitectura y nos permite gestionar los diferentes tipos de peticiones, de tal forma por cada tipo de petición llamaría a un servicio diferente. De esta forma, Amazon API Gateway te permite crear y testear una API REST, con la integración de HTTP para un sitio web.

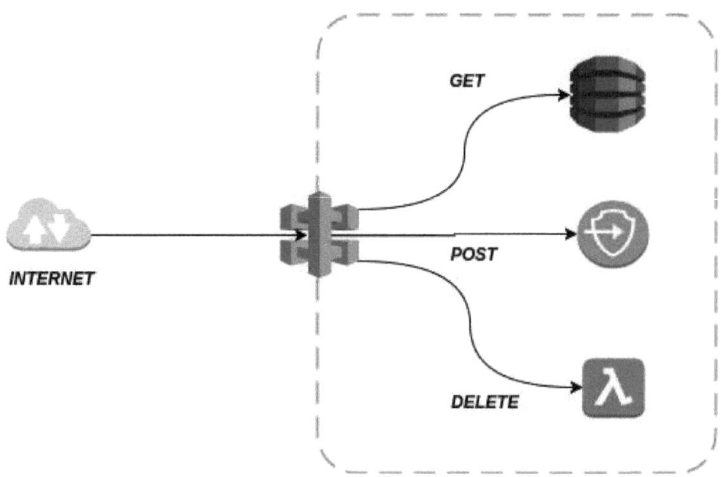

8.5.2. Casos de uso AWS lambda

AWS Lambda es un servicio que puede resultar idóneo para muchas situaciones. El código de las aplicaciones debe estar escrito en los lenguajes aceptados por la plataforma.. Veamos algunos ejemplos de cómo puedes utilizar este servicio para simplificar y automatizar tu infraestructura Cloud:

- **Procesamiento de archivos en tiempo real:** puedes usar Amazon S3 para activar AWS Lambda y procesar los datos después de cargarlos. Por ejemplo, puedes usar Lambda para crear imágenes en miniatura, transcodificar vídeos, indexar archivos, procesar registros, validar contenido, añadir y filtrar datos en tiempo real.
- **Backups automáticos:** se podría escribir una función Lambda que automatiza el proceso de creación de copias de seguridad. Se podría programar la copia de seguridad para que se realice al final de cada día.
- **Personalización, integración y envío de alertas**: se podría crear una función Lambda para verificar los logs desde Cloudwatch. Esta función podría buscar en los logs eventos específicos o entradas de registro a medida que ocurren, y enviar notificaciones a través de SNS. Puede integrarse con aplicaciones como Slack para enviar notificaciones personalizadas y monitorizarse mediante el envío de correos electrónicos.
- **Almacenamiento de ficheros**: podrías configurar una función Lambda que permita copiar los ficheros en S3 para verificar el tamaño del archivo antes de almacenarlo.

8.5.3. Funciones lambda

Las funciones Lambda se empaquetan y se envían a AWS en un proceso que comprime la función y todas sus dependencias y se cargan en un contenedor S3. Para ayudarnos con este proceso podemos usar la herramienta **Serverless Framework** **https://serverless.com**

Se trata de una herramienta de línea de comandos open source que proporciona diferentes comandos para facilitar ciertas operativas a la hora de realizar la construcción, configuración, implementación y despliegue de funciones serverless en los diferentes proveedores cloud.

Serverless Framework se podría considerar como una herramienta con unos comandos determinados que nos permiten realizar ciertas operativas con independencia de la tipología del proyecto y se podría comparar con Maven como herramienta de construcción, empaquetado y despliegue de aplicaciones Java.

Cada una de las funciones se declara en el fichero de control **serverless.yml**, dentro del apartado "functions". Entre las principales características de una función podemos destacar:

- Una función se considera la unidad mínima de despliegue.
- Una función es invocada a partir de un evento que la ejecuta bajo demanda. Cuando se define un evento para una función, el framework toma la responsabilidad de crear automáticamente cualquier infraestructura necesaria que necesite para dar solución a ese evento así como las configuraciones necesarias.

El siguiente código podría ser un ejemplo de función lambda desarrollada en **NodeJS**:

```
export.myHandler = function(event, context, callback){
   callback(Error error, Object result)
}
```

- **myHandler** es el nombre de nuestra función Lambda.
- El objeto **event** contiene toda la información sobre el evento que desencadenó esta función lambda. En el caso de una

petición HTTP, será la información específica sobre esta.

- El objeto **context** contiene información sobre el entorno donde se está ejecutando nuestra función Lambda.
- **callback** es nuestra función que devolverá los resultados y AWS responderá a la petición HTTP.

8.5.4. Modelo de ejecución en aws

Con el objetivo de ejecutar nuestra función, los contenedores son administrados completamente por AWS. Se activan cuando se produce un evento y se apagan si no se está utilizando. Si se realizan peticiones adicionales mientras se está sirviendo el evento original, se arranca un nuevo contenedor para atender la petición.
De esta forma, si la aplicación experimenta un pico de tráfico, el proveedor de la nube creará varias instancias del contenedor con nuestra función para atender esas cada una de las peticiones.

Este modelo de ejecución en contenedores que se arrancan y paran según las necesidades implica que las funciones no tienen estado donde cada petición (o evento) es atendida por una sola instancia de una función Lambda. Esto significa que no se van a manejar peticiones concurrentes en tu código.

El modelo de ejecución hace que cada vez que la función Lambda es desencadenada por un evento, se invoca en un entorno completamente nuevo que no tendrá acceso al contexto de ejecución del evento anterior.

También es capaz de realizar ciertas optimizaciones, por ejemplo, cuando se invoca una función por primera vez, todo el código en nuestra función es ejecutado y luego es invocada. Si el contenedor aún está disponible para solicitudes posteriores, se invocará la función y no el código que lo envuelve.

Por ejemplo, el método **crearConexionBd** se llama cada vez que crea una instancia del contenedor y no cada vez que se invoca la función Lambda. En cambio, la función myHandler se llama cada vez que se invoca a la función Lambda a través del lanzamiento de un evento.

```
var conexionbd = crearConexionBd();

exports.myHandler = function(event, context, callback) {
  var resultado = conexionbd.realizarConsulta();
  callback(null, resultado);
};
```

8.6. OpenFass

OpenFaaS https://docs.openfaas.com se trata de un servicio con el cual es posible desarrollar y ejecutar funciones serverless utilizando imágenes de Docker y Kubernetes como orquestador de contenedores.

El objetivo es facilitar a los desarrolladores implementar funciones y microservicios basados en eventos en Kubernetes. Bastaría con empaquetar el código de la aplicación en una imagen de Docker para obtener un endpoint con el cual desplegar la aplicación.

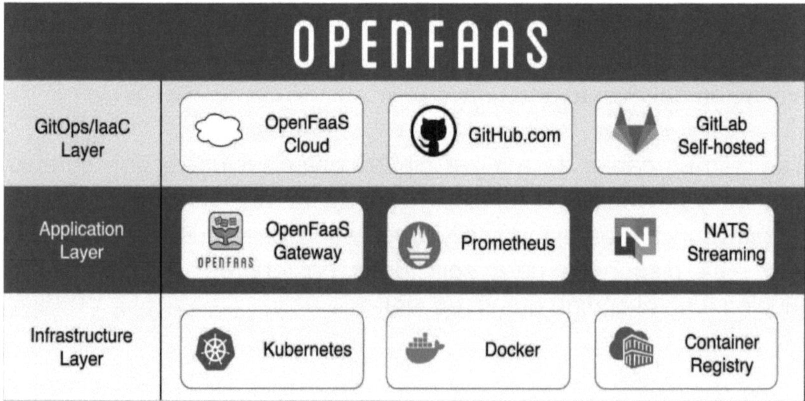

Permite que cualquier programa se encapsule como un contenedor y se administre como una función a través de la línea de comandos o la IU web integrada. Tiene una excelente compatibilidad para métricas y ofrece autoescalado para funciones cuando se incrementa la demanda. Entre las principales características podemos destacar:

- Facilidad de uso a través de una interfaz de usuario.
- Posibilidad de escribir funciones en cualquier lenguaje y empaquetar el código en formato de imagen Docker.
- Proporciona portabilidad ya que se ejecuta en hardware existente o en una nube pública o privada ya sea utilizando Kubernetes y Docker Swarm nativo.
- Faas-cli como herramienta oficial de CLI para gestionar OpenFaaS, disponible para crear plantillas y definir funciones en formato YAML.
    - **https://github.com/openfaas/faas-cli**
- Proporciona autoescalado a medida que aumenta el número de peticiones.
- En el sitio de katacoda podemos encontrar un escenario práctico:
    - **https://www.katacoda.com/javajon/courses/kubernetes-serverless/openfaas**

9. Arquitecturas basadas en eventos

Hasta ahora hemos estudiado la forma de trabajar con una API REST mediante un enfoque "Request-Driven" y en particular con la tipología "Request/Response" (Petición/Respuesta). Este enfoque hace referencia al hecho de solicitar algo en un momento dado y esperar una contestación asociada en unos tiempos razonables.

Las aplicaciones que se suelen desarrollar hoy en día siguen una tendencia donde los tiempos para manejar la información se acortan y se requiere cada vez más de la inmediatez en recibir y procesar dicha información. El objetivo final es el de poder tomar decisiones o acciones lo más rápidas posible en el tiempo de acuerdo a un evento que se acaba de producir.

Para acercarnos a ese **tiempo real** a la hora de responder a eventos existen muchas tecnologías que nos ofrecen posibilidades muy interesantes. Una de ellas son los protocolos que se basan en el paso de mensajes entre diferentes aplicaciones que se encuentran escuchando en un determinado canal.

Las arquitecturas basadas en eventos proporciona una forma de diseñar aplicaciones y servicios que respondan en tiempo real a información basada en enviar y recibir notificaciones de cambios individuales en el sistema, donde un componente de software se ejecuta en respuesta a una o más notificaciones de eventos.

Este tipo de arquitecturas son muy usadas en sistemas donde la transmisión de la información en casi tiempo real es fundamental con el objetivo de intercambiar miles o millones de mensajes por segundo.

En una arquitectura basada en eventos podemos destacar los siguientes elementos:

- **Evento (Event):** Entidad que se corresponde con la unidad de trabajo.
- **Publicador de Eventos (Event Publisher)**: Entidad que crea y publica el evento. En muchos casos genera los datos del evento o bien transforma la información que tiene en un formato adecuado.
- **Canal (Channel):** Medio donde se publican y son consumidos los eventos. Pueden tener cierta lógica de aplicación sobre los eventos: almacenamiento, expiración, entrega, backup, etc
- **Consumidor de Eventos (Event Consumer):** Entidad que recibe y consume el evento desde un lugar y que por tanto ejecuta/interpreta la lógica de negocio. Se subscribe al canal de eventos y suelen tener un enfoque asíncrono.

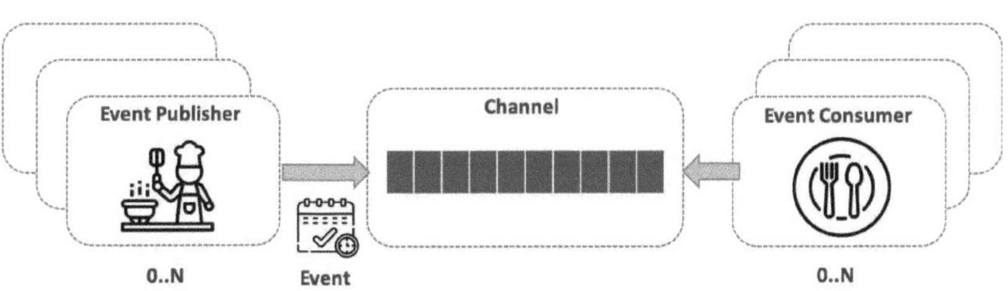

En este tipo de arquitecturas, el intercambio de mensajes, realizado mediante el modelado de colas de mensajes, permite gestionar la carga, la elasticidad y el control de flujo. Con el aumento en el desarrollo de microservicios distribuidos, los patrones de conectividad entre ellos se vuelven críticos para contar con una arquitectura escalable.

Una arquitectura orientada a eventos es un patrón de arquitectura de software diseñado para producir, consumir, detectar y reaccionar ante un flujo de eventos. Generalmente se trata de emisores y receptores de eventos en el cual cada consumidor debe reaccionar cuando recibe un evento, ya sea ejecutando procedimientos específicos o procesando y generando un nuevo evento

Los sistemas orientados a eventos son comúnmente implementados con el mecanismo de comunicación publish/subscribe, permitiendo a los productores enviar el mensaje una sola vez y que uno o más consumidores lo reciban.

En un enfoque más de procesos, un productor es capaz de detectar y de notificar eventos relacionados con las reglas de negocio, así como también existe su homólogo, el consumidor, cuyo propósito es recibir estos sucesos. Se describen cuatro principios de este tipo de arquitecturas:

1. **Individualidad**: cada evento se transmite individualmente, los productores no permiten acumulación de eventos o envío por lote.
2. **Push**: las notificaciones enviadas son recibidas por los consumidores, a diferencia de otros sistemas request-driven que utilizan un esquema de polling en el cual cada consumidor solicita los eventos periódicamente.
3. **Inmediatez**: el consumidor procesa el evento una vez que lo recibe, ya sea simple procesamiento o guardarlo para ser utilizado más tarde.
4. **Libre de comandos**: los eventos no contienen instrucciones ni comandos a ejecutar, en este caso el consumidor es el que posee la lógica de cómo se procesa el evento.

9.1. Introducción a las colas de mensajes (Message queue)

Las colas de mensajes (Message queue) solucionan estas necesidades, actuando de intermediario entre emisores y destinatarios, o en un contexto más definido, productores y consumidores de mensajes. Se pueden usar para reducir las cargas y los tiempos de entrega por parte de los servidores de aplicaciones web, ya que las tareas, que normalmente tardarían bastante tiempo en procesarse, se pueden delegar a un tercero cuyo único trabajo es realizarlas.

El uso de colas de mensajes también es bueno cuando se desea distribuir un mensaje a múltiples destinatarios para consumo o para realizar balanceo de carga entre trabajadores. Además aportan otras ventajas entre las que podemos destacar:

- **Garantía de entrega y orden.** Los mensajes se consumen, en el mismo orden que se llegaron a la cola, y son consumidos una única vez.
- **Redundancia**. Las colas persisten los mensajes hasta que son procesados por completo.
- **Desacoplamiento**. Siendo capas intermedias de comunicación entre procesos, aportan la flexibilidad en la definición de arquitectura de cada uno de ellos de manera separada, siempre que se mantenga una interfaz común.
- **Escalabilidad**. Con más unidades de procesamiento, las colas balancean su respectiva carga.

9.2. Introducción a los brokers de mensajería

Un broker de mensajería es un sistema de almacenamiento muy rápido tanto en escrituras como en lecturas y permite la comunicación entre diferentes sistemas y aplicaciones manteniendo un flujo de datos continuo en el tiempo entre los sistemas. Estos sistemas se dividen en aquellos que envían mensajes al canal de comunicación (publicadores) y aquellos que leen y procesa dichos datos (subscriptores).

La mensajería distribuida se basa en el concepto de colas de mensajes confiables donde los mensajes se ponen en cola de forma asíncrona entre las aplicaciones cliente y el sistema de mensajería. Hay dos tipos de patrones de mensajería disponibles:

- **Punto a punto**
- **Publicación-suscripción (publish-subscribe)**

Los brokers de mensajería han sido tradicionalmente una pieza importante dentro de las arquitecturas de las organizaciones, pero con el incremento de usuarios que ingresan por diferentes canales a los sistemas de las empresas, se hace necesarios productos que permitan ser escalados horizontalmente a un bajo costo, permitiendo el procesamiento de una gran cantidad de mensajes por segundo.

Una nueva generación de brokers están tomando mayor relevancia en las aplicaciones modernas, que buscan ofrecer altos niveles de disponibilidad, confiabilidad, interoperabilidad, y rendimiento en las aplicaciones con arquitecturas orientadas a eventos.

9.2.1. Sistema de mensajería punto a punto

En un sistema punto a punto, los mensajes persisten en una cola. Uno o más consumidores pueden consumir los mensajes en la cola, pero un mensaje en particular sólo puede ser consumido por un máximo de un consumidor. Una vez que un consumidor lee un mensaje en la cola, desaparece de esa cola.

9.2.2. Sistema de mensajería de publicación y suscripción

En el sistema de publicación-suscripción los mensajes persisten en un topic. A diferencia del sistema punto a punto, los consumidores pueden suscribirse a uno o más topics y consumir todos los mensajes en ese topic. Un ejemplo de este patrón podría ser una plataforma de TV, que publica diferentes canales como deportes, películas, música, etc., y los clientes se van suscribiendo a los diferentes canales y cada cliente personalizar su propio conjunto de canales y obtenerlos siempre que sus canales suscritos estén disponibles.

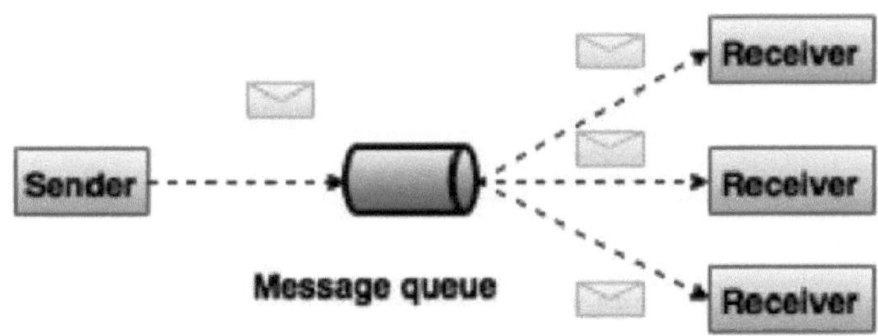

Entre las principales **soluciones** que encontramos en el mercado cuando hablamos de este tipo de tecnologías podemos destacar:

- **Amazon Simple Queue Service**
    - **https://aws.amazon.com/es/sqs**
- **Apache Kafka**
    - **https://kafka.apache.org**
- **Apache Pulsar**
    - **https://pulsar.apache.org**
- **RabbitMQ**
    - **https://www.rabbitmq.com**
- **ActiveMQ**
    - **http://activemq.apache.org**
- **Chronicle Queue**
    - **https://github.com/OpenHFT/Chronicle-Queue**

Todos estas plataformas son sistemas de colas y tienen un funcionamiento similar aunque internamente cada uno utiliza protocolos distintos. Por ejemplo, Kafka proporciona mejores capacidades para el enrutamiento de los mensajes y permite la transmisión de eventos/mensajes en tiempo real con almacenamiento duradero con la capacidad de manejar tolerancia a fallos, alta disponibilidad y escalabilidad. Para ello proporciona un enfoque de bus de mensajes.

Por ejemplo, resulta muy útil para **la comunicación y la integración entre componentes y aplicaciones cuando se maneja una gran cantidad de datos.**

9.3. Protocolos de mensajería

Las soluciones comentadas anteriormente utilizan a bajo nivel una serie de protocolos de mensajería. Esta sección tratará de dar una una visión general de los diferentes protocolos de mensajería que nos permita conocer en mayor detalle cómo funcionan estas soluciones:

- **Advanced Message Queuing Protocol (AMQP)**
- **Message Queue Telemetry Transport (MQTT)**

9.3.1. Advanced Message Queuing Protocol (AMQP)

El protocolo AMQP resuelve varios problemas al mismo tiempo: por un lado, el protocolo se encarga de la transmisión de datos. Por otro, AMQP permite almacenar mensajes en una cola. Esto permite una comunicación asíncrona entre emisor (productos) y receptor (consumidor) ya que no es necesario que trabajen al mismo ritmo.

De esta forma, el receptor del mensaje no tiene por qué aceptar, procesar la información directamente y confirmar la recepción al emisor. En su lugar, recuperará el mensaje de la cola cuando tenga capacidad disponible para ello. Esto ofrece al productor, entre otras cosas, la posibilidad de seguir trabajando y se evitan los tiempos de inactividad. A nivel de arquitectura podemos diferenciar los siguientes componentes:

- El **mensaje** es el elemento central de toda la comunicación.
- El **productor** (producer) crea un mensaje y lo envía.
- El **bróker de mensajería** distribuye el mensaje de acuerdo con reglas definidas en diferentes colas (queue).
- El **consumidor** (consumer) recupera el mensaje de la cola.

Se trata de un protocolo que la NASA lo utiliza para su proyecto **Nebula Cloud Computing**.

- https://www.nasa.gov/open/nebula.html

Entre las principales **características** de este protocolo podemos destacar:

- En esta arquitectura el elemento clave es el broker de mensajería que hace de intermediario entre productor y consumidor.
- Ofrece un conjunto de funcionalidades relacionadas con la gestión de colas basadas en mensajería Publish/Subscribe.
- Sus principales objetivos a cubrir son la fiabilidad y la interoperabilidad.
- Entre sus características más destacadas podemos enumerar que está basado en tópicos (topics) y cabeceras (headers) para el envío y recepción de mensajes.

Si trabajamos con Spring framework podríamos utilizar este protocolo a través del proyecto **Spring AMQP** https://spring.io/projects/spring-amqp. El proyecto Spring AMQP aplica los conceptos básicos de Spring al desarrollo de soluciones de mensajería basadas en AMQP. El proyecto consta de dos partes: **spring-amqp** es la abstracción base y **spring-rabbit** es la implementación de **RabbitMQ**.

Este proyecto proporciona una "plantilla" como una abstracción de alto nivel para enviar y recibir mensajes, además de proporcionar soporte para clases POJO orientadas al envío de mensajes basados en eventos. Estas bibliotecas facilitan la gestión de los recursos de AMQP al tiempo que promueven el uso de la inyección de dependencias. En estos casos, verá similitudes con el soporte de **JMS** en Spring Framework.

La API de **Java Message Service (JMS)** es una API de Java Message Oriented Middleware (MOM) para enviar mensajes entre dos o más clientes. JMS forma parte de la plataforma Java Enterprise Edition (Java EE) y está definido como un estándar de mensajería que permite que componentes de diferentes aplicaciones puedan comunicarse de forma **asíncrona** mediante la creación, envío y lectura de mensajes. Las principales diferencias entre JMS y AMQP son:

- AMQP es un protocolo de mensajería que no implementa la API JMS.
- JMS es solo una especificación de API. No utiliza ningún protocolo. Un proveedor de JMS, por ejemplo **ActiveMQ**, podría estar usando cualquier protocolo subyacente para utilizar la API de JMS.

A pesar de que este protocolo es implementado por varias soluciones, cumple con muchas de las características que podemos encontrar en muchos proyectos basados en mensajería que utilizan el "broker" como componente que dirige, encamina y encola los mensajes. Los brokers reducen de buena forma la complejidad en redes grandes. Sin embargo, los productos de mensajería basados en un broker centralizado implica añadir un punto único de fallo donde el broker se convierte en un cuello de botella y un nuevo riesgo que manejar. Como alternativa, si es soportada, muchas veces se añaden varios brokers adicionales bajo un esquema de tolerancia a fallos.

9.3.2. Message Queue Telemetry Transport (MQTT)

MQTT son las siglas de **Message Queue Telemetry Transport** y tras ellas se encuentra un protocolo creado por IBM y liberado como proyecto open source para poder usarlo en proyectos orientados a la conectividad **Machine-to-Machine (M2M)**.

Se trata de un protocolo enfocado al envío de datos entre aplicaciones donde se requiere muy poco ancho de banda y hay unos requerimientos relativos a un bajo consumo de los recursos. A nivel de comunicaciones está basado en la pila TCP/IP donde cada conexión se mantiene abierta y se reutiliza en cada comunicación.

El protocolo MQTT se puede considerar uno de los estándares para aplicaciones IoT tanto comerciales como de ámbito maker. Son varias las ventajas del protocolo MQTT como sistema de comunicación M2M. Por un lado, tenemos todas las ventajas del patrón publish/subscribe como son escalabilidad, asincronismo y desacoplamiento entre clientes. Además, los brokers MQTT soportan varios miles de conexiones concurrentes de dispositivos.

Estas características han hecho que se convierta en un protocolo muy utilizado en proyectos relacionados con las plataformas arduino y raspberry pi, dispositivos que utilizan tecnología IoT y aplicaciones móviles con la necesidad de optimizar el ancho de banda.

Puedes ver algunos proyectos en la web oficial de MQTT https://mqtt.org/projects.

En cuanto a la seguridad del protocolo dispone de distintas medidas de seguridad que podemos adoptar para proteger las comunicaciones. Esto incluye transporte **SSL/TLS** y **autenticación por usuario y contraseña o mediante certificado**. Sin embargo, hay que tener en cuenta que muchos de los dispositivos IoT disponen de escasa capacidad, por lo que el SSL/TLS puede suponer una carga de proceso importante.

En muchos casos, la autenticación consiste en una contraseña y usuario que son enviados como texto plano. Por último, también es posible configurar el broker para aceptar conexiones anónimas. Todo esto debe ser tenido en cuenta a la hora de configurar un sistema MQTT, y entender los riesgos de cada uno de ellos, así como su impacto en la eficiencia del sistema.

9.3.3. Arquitectura MQTT

En cuanto a su arquitectura, sigue una topología en estrella, donde existe un nodo central o broker con capacidad para trabajar con un gran número de clientes. Es precisamente el broker el elemento encargado de gestionar la red y transmitir los mensajes. Una característica interesante es la capacidad de MQTT para establecer comunicaciones cifradas lo que aporta a nuestra red una capa extra de seguridad.

El funcionamiento del MQTT es un servicio de mensajería push que sigue el patrón publicador/suscriptor (publish-subscribe). En este tipo de infraestructuras los clientes se conectan con un servidor central denominado broker y para filtrar los mensajes que son enviados a cada cliente los mensajes se disponen en topics organizados jerárquicamente.

Un cliente puede publicar un mensaje en un determinado topic. Otros clientes pueden suscribirse a este topic y el broker le hará llegar los mensajes suscritos.

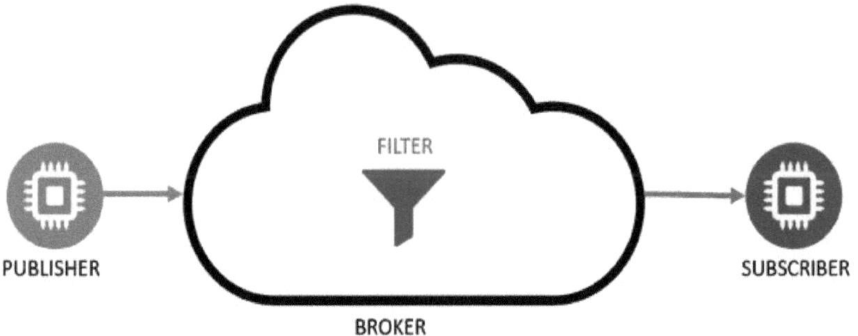

Conozcamos los **componentes** y acciones clave de MQTT:

- **Cliente**: un dispositivo que puede publicar mensajes, suscribirse para recibir mensajes.
- **Broker**: el broker es el servidor que acepta mensajes publicados por clientes y los difunde entre los clientes suscritos.
- **Publisher**: cuando un cliente envía un mensaje al broker.
- **Subscriber**: cuando un cliente recibe un mensaje del broker.
- **Tópico**: los mensajes deben estar etiquetados con algún tópico o tema. Los clientes se suscriben a tópicos específicos, de manera que solo reciben los mensajes publicados con dichos tópicos. Un tópico puede a su vez contener subtópicos.

Los clientes inician una conexión TCP/IP con el broker, el cual mantiene un registro de los clientes conectados. Esta conexión se mantiene abierta hasta que el cliente la finaliza. Por defecto, MQTT emplea el puerto 1883 y el 8883 cuando funciona sobre TLS.

Se trata de una arquitectura basada en eventos donde cada mensaje se envía a los receptores que se hayan suscrito a una publicación concreta y el broker se encarga de distribuir los mensajes a los suscriptores.

Un cliente se suscribe a un topic que es como el tema, a quién va dirigido el mensaje. Lo podemos asemejar como el asunto de un email. Un mensaje no tiene destinatario concreto, puede haber uno, muchos o ninguno.

El emisor, el que envía el mensaje, no sabe a quién va dirigido dicho mensaje, sólo el broker lo sabe. Cuando llega un nuevo mensaje se lo envía a aquellos que se han suscrito al topic.

Dentro de la arquitectura de MQTT es muy importante el concepto "topic", ya que a través de estos "topics" se articula la comunicación puesto que emisores y receptores deben estar suscritos a un "topic" común para poder entablar la comunicación. Este concepto es prácticamente el mismo que se emplea en colas, donde existen un publicadores (que publican o emiten información) y unos suscriptores (que reciben dicha información) siempre que ambas partes estén suscritas a la misma cola.

Este tipo de arquitecturas, lleva asociada otra interesante característica: la comunicación puede ser de uno a uno o de uno a muchos. Además, los "topics" tienen una estructura jerárquica gracias a la cual podemos establecer relaciones padre-hijo y, al suscribirnos a un topic padre, recibir también la información de sus hijos.

Una de las características más importantes es que los clientes o nodos no dependen unos de otros ya que no tienen conocimiento de quién está al otro lado. Puede incluso que no haya nadie en el otro extremo. El Broker tiene la capacidad de hacer que los mensajes sean persistentes, guardando el mensaje hasta que se conecte el cliente al que va dirigido.

El éxito de un sistema de IoT depende de la arquitectura que diseñemos para la mensajería. En el caso de MQTT es esencial planear y organizar los Topic que vamos a emplear en el proyecto. Hay varios consejos que podemos seguir.

- Diseñar el sistema de Topics para que sea ampliable y mantenible. Queremos poder añadir más dispositivos a nuestra red o nuevas funcionalidades, y evitar darnos cuenta en el futuro de que el sistema que elegimos es insuficiente.
- Mantener los Topic lo más pequeños e independientes del resto. Asimismo, es recomendable usar Topics lo más específicos posibles, evitando enviar mensajes a varios dispositivos y discriminar por el contenido del mensaje.

9.3.4. Principales brokers MQTT open source para proyectos IOT

Para que el protocolo MQTT esté en constante disponibilidad, es recomendable instalar el broker en un servidor que esté siempre encendido. Tenemos diferentes opciones pero la más interesante es Raspberry Pi por su bajo coste y consumo.

Elegir el broker más adecuado para un proyecto IOT condiciona el buen funcionamiento y éxito del mismo. Entre los principales brokers MQTT disponibles para este tipo de proyectos podemos destacar:

- **Mosquitto** http://mosquitto.org. Es un broker Open Source programado en C, y es multiplataforma. A través de su página oficial podemos descargar y seguir los pasos de instalación según cual sea tu sistema operativo. Una vez que tenemos instalado Mosquito, podemos proceder a crear nuestro primer emisor y subscriptor siguiendo para ello una jerarquía que podría asemejarse a la empleada en una aplicación real.
- **Mosca** http://www.mosca.io. Es un broker MQTT Open Source para Node.js, desarrollado en Javascript. Puede ser empleado como aplicación independiente o embebido en cualquier proyecto de Node.js.
- **Aedes** https://github.com/moscajs/aedes. Del mismo autor que Mosca, Aedes es un servidor broker MQTT Open Source para Node.js diseñado para ser un reemplazo de Mosca.
- **HBMQTT** https://pypi.org/project/hbmqtt. Es un broker MQTT Open Source escrito en Python que funciona sobre asyncio, introducido en Python 3.4.
- **EMQTT** https://emqtt.io. Erlang MQTT broker es Open Source, desarrollado en Erlang/OTP, está diseñado para aplicaciones con grandes exigencias en escalabilidad.
- **RabbitMQ** https://www.rabbitmq.com. Es un popular broker de mensajería AMQP Open Source, que también permite emplear el protocolo MQTT a través de un Adaptador.
- **ActiveMQ** http://activemq.apache.org. Es un broker de mensajería JMS (Java Message Script) Open Source desarrollado por Apache, que también admite protocolo MQTT.
- **MQTTnet** https://github.com/chkr1011/MQTTnet. Un broker Open Source para .NET.

9.4. Amazon Simple Queue Service

Amazon Simple Queue Service (SQS) es un servicio de colas de mensajes administrado por Amazon que te permite trabajar con microservicios, sistemas distribuidos y aplicaciones sin servidor.

Este servicio elimina la complejidad y los costes asociados con la gestión y el funcionamiento del middleware orientado a mensajes. Con SQS se pueden enviar, almacenar y recibir mensajes entre diferentes componentes y microservicios.

Entre las principales ventajas que aporta Amazon Simple Queue Service podemos destacar:

- Podemos usar el procesamiento asíncrono para devolver respuestas.
- Estructurar el sistema de bajo acoplamiento de las instancias de Amazon EC2.
- Controlar los requisitos de rendimiento aumentando o disminuyendo el número de instancias de Amazon EC2 utilizadas en el procesamiento de las diferentes tareas.

9.5. Apache Kafka

Apache Kafka es un sistema de almacenamiento que sigue el **patrón publicador/subscriptor** desarrollado inicialmente por **LinkedIn** y posteriormente liberado a la comunidad convirtiéndose en open source. La principal característica que ofrece Kafka a las empresas que trabajan con big data es la escalabilidad y el procesamiento de datos en tiempo real con la cual empresas como Netflix tienen la capacidad de procesar millones de mensajes al día. Este tipo de empresas utilizan este tipo de plataformas junto con otros sistemas de procesamiento de flujo como **Apache Samza** que ofrecen soporte para este tipo de arquitecturas.

Apache Kafka es un sistema distribuido de mensajes que sigue una arquitectura del tipo publicación-suscripción y una cola que puede manejar un gran volumen de datos. Los mensajes de Kafka se conservan en el disco y se replican dentro del clúster para evitar la pérdida de datos.

Kafka está diseñado para sistemas distribuidos de alto rendimiento y tiende a funcionar muy bien como reemplazo de un agente de mensajes más tradicional. En comparación con otros sistemas de mensajería, Kafka tiene un mejor rendimiento, particionamiento integrado, replicación y tolerancia a fallos, lo que lo hace una buena opción para **aplicaciones de procesamiento de mensajes a gran escala**.

En el sitio web de **katacoda** podemos encontrar diferentes escenarios para practicar:

- **https://www.katacoda.com/reselbob/scenarios/setting-up-kafka**

Kafka está construido sobre el servicio de sincronización **ZooKeeper** y se integra con otras plataformas de procesamiento de datos en tiempo real como **Apache Storm** y **Apache Spark**. Entre las principales características podemos destacar:

- Plataforma para la nueva generación de aplicaciones distribuidas.
- Los procesos que publican se denominan brokers y los subscriptores son los consumidores de los topics.
- Utiliza un protocolo propio basado en TCP y hace uso de Apache Zookeeper para almacenar el estado de los brokers. Cada broker mantiene un conjunto de particiones (primaria y secundaria) de cada topic.
- Se pueden programar productores/consumidores en diferentes lenguajes: Java, Scala, Python, Ruby, C++

- Alternativa a JMS, AMQP y RabbitMQ cuando se maneja volúmenes importantes de datos/información y se requiere un gran capacidad de respuesta.
- Facilita el trabajo con otras tecnologías como Flume, Spark Streaming, Storm, HBase, Flink y Spark para ingerir, analizar y procesar datos en tiempo real.
- Dispone de un API de **Producer** que facilita que una aplicación publique una secuencia de mensajes en uno o más topics de diferentes formas.
- Dispone de un API de **Consumer** que facilita que una aplicación pueda suscribirse a uno o más topics y así poder procesar la secuencia de mensajes.
- Dispone de un API de **Streams** que facilita el procesamiento de flujos consumiendo un flujo de entrada de uno o más topics y produciendo un flujo para uno o más topics de salida.
- Dispone de un API de **Connector** que facilita implementar/ejecutar productores o consumidores reutilizables con el objetivo de conectar topics con aplicaciones o sistemas de datos existentes.

9.5.1. Ventajas y casos de uso

Los siguientes son algunas de las ventajas de Kafka desde el punto de vista del procesamiento de datos:

- **Confiabilidad**: Kafka se distribuye, particiona y tiene tolerancia a fallos gracias al uso de réplicas.
- **Escalabilidad**: Kafka es un sistema de mensajería que permite escalar fácilmente.
- **Durabilidad/Persistencia**: Kafka utiliza el registro de confirmación distribuido, lo que significa que los mensajes persisten en el disco de forma duradera. Los mensajes son persistidos en el sistema de ficheros en disco y son replicados entre los clusters.
- **Rendimiento**: Kafka tiene un alto rendimiento tanto para la publicación como para la suscripción de mensajes. Mantiene

un rendimiento estable, incluso cuando se almacenan muchos TB de mensajes.

- **Distribuido:** Se divide en varios nodos para su ejecución, los cuales trabajan de forma conjunta al trabajar dentro de un clúster, proporcionando escalado horizontal y tolerancia a fallos. Se puede fragmentar las listas y topics en particiones y repartirlas por los nodos.
- **Tolerancia a fallos:** No hay un único punto de fallo bloqueante al replicar las diferentes particiones de los datos en múltiples máquinas.
- **Replicación:** La información será replicada entre los nodos del clúster. Consigue disponer de "Alta Disponibilidad" y de "Recuperación inmediata"
- **Políglota**: La comunicación se realiza usando un protocolo de comunicaciones basado TCP por lo que se pueden implementar mediante diferentes lenguajes.
- **Integrabilidad**: Dispone de un ecosistema que proporciona un proxy REST que facilita la integración mediante HTTP y JSON.
- **Seguridad**: Ofrece soporte para ciertas medidas de seguridad como: SSL, SASL Kerberos, ACL, etc. Por ejemplo, ofrece autenticación de conexiones de brokers con Zookeeper.

A continuación, se muestran casos de uso de aplicaciones que usan una arquitectura basada en Apache Kafka. La mayoría de aplicaciones prácticas están relacionadas con casi todo lo que tenga que ver con mensajería, obtención de métricas a partir de logs y gestión de eventos.

Entre los principales casos de uso en los cuáles podemos aplicar esta plataforma podemos destacar:

- **Obtención de métricas**: Kafka se usa para obtener datos de monitorización a nivel operativo. Esto implica añadir estadísticas de aplicaciones distribuidas para producir fuentes centralizadas de datos operativos. Recopilación de grandes cantidades de datos como logs y obtención de métricas a partir de esos logs.

- **Integración de servicios**: Kafka se puede utilizar en toda una organización para obtener registros de múltiples servicios y ponerlos a disposición de diferentes consumidores en un formato estándar de forma centralizada.
- **Procesamiento de flujo en tiempo real:** Kafka es muy útil en el contexto del procesamiento continuo de datos en tiempo real. Manejo de flujos de datos en tiempo real como procesamiento de streams, ingesta de datos en Spark.

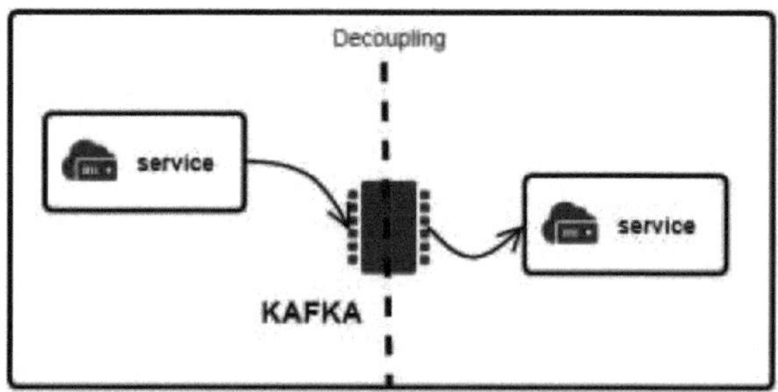

Cuando la comunicación entre microservicios se realiza a través de eventos se desacoplan las interfaces y conexiones de manera que se mejoran los siguientes aspectos:

- **Desacoplamiento**: los brokers en particular desacoplan servicios y sus contratos en las funciones o APIs.
- **Flujos asíncronos**: una acción de un usuario puede desencadenar varios o múltiples procesos subsecuentes, tanto síncronos como asíncronos.
- **Datasets agregados**: es más sencillo combinar datos entre diferentes fuentes y permite la posibilidad de filtrar, agregar o reducir la información que cada consumidor necesita.
- **Trazabilidad**: Las colas actual como una auditoría per se, por lo que podemos tener trazabilidad de toda comunicación a

través de sus commit log.

- **Estado**: los gestores de eventos o colas permiten disponer de copias locales en local, ahorrando consultas posteriores.

9.5.2. Componentes de kafka

Apache Kafka es un sistema de mensajería distribuido de alto rendimiento que se fundamenta en el uso de TOPIC, fusionando de este modo las colas y tópicos que conocemos de JMS en un único recurso. Los consumidores se etiquetan a sí mismos con un nombre de grupo y cada mensaje publicado en un TOPIC es entregado a un solo consumidor dentro de cada grupo:

- Si todos los consumidores tienen el mismo nombre de grupo, funcionará como una cola en la cual se balancean los mensajes entre consumidores.
- Si todos los consumidores tienen diferentes nombres de grupo, funcionará como un tópico y todos los mensajes serán enviados a todos los consumidores modo broadcast.

Apache Kafka escribe en un TOPIC como si fuera un RAID de discos duros que se denominan particiones. Son estas particiones las que permiten paralelizar la escritura y gestionar la redundancia, la tolerancia a fallos del sistema y el balanceo de carga.

Antes de adentrarse en la arquitectura de Kafka, sería interesante conocer los principales términos que maneja Kafka, como topics, brokers, productores y consumidores. El siguiente diagrama muestra los principales componentes y cómo se relacionan entre ellos.

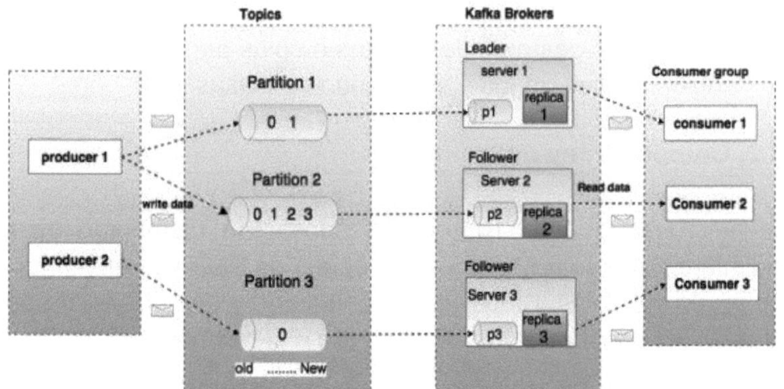

En la figura anterior vemos que un topic está configurado en tres particiones. El **topic** se trata de una secuencia de mensajes que pertenecen a una categoría particular. Los topics se dividen en particiones. Para cada topic, Kafka mantiene un mínimo de una partición.

En la figura vemos que la partición 1 tiene dos factores de compensación 0 y 1. La partición 2 tiene cuatro factores de compensación 0, 1, 2 y 3. La partición 3 tiene un factor de compensación 0.

Cada una de estas particiones contiene mensajes en una secuencia ordenada inmutable. Una partición se implementa como un conjunto de archivos de segmentos de igual tamaño.

Los topic de Kafka tiene la posibilidad de configurar réplicas, donde las réplicas son utilizadas para conseguir alta disponibilidad del servicio. **Las réplicas se consiguen mediante la duplicación de las particiones en distintos brokers.**

Supongamos que si el **factor de replicación** del topic se establece en 3, Kafka creará 3 réplicas idénticas de cada partición y las colocará en el clúster para que estén disponibles para todas sus operaciones. Para equilibrar una carga en el clúster, cada agente almacena una o más de esas particiones.

A pesar de que al incrementar las réplicas hacemos el sistema más robusto ante caídas del servicio, el uso de réplicas tiene algunas desventajas ya que su uso implica un incremento del uso del ancho de banda entre los brokers. Además, las réplicas provocan la disminución de la tasa de producción de mensajes por segundos a un topic, si se activa el asentimiento por réplica.

Los **brokers** son los responsables de mantener los datos publicados, además cada broker puede tener cero o más particiones por topic:

- si hay N particiones en un topic y N número de brokers, cada broker tendrá una partición.
- si hay N particiones en un topic y más de N brokers (n + m), el primer broker tendrá una N particiones y el siguiente broker M no tendrá ninguna partición para ese topic en particular.

Apache Kafka no basa sus mensajes en JMS, sino que usa un protocolo binario sobre TCP con su propia especificación. Un mensaje no es más que un byte payload y un checksum para comprobar que no se han corrompido. Gracias a esto, se limita el tráfico de datos por la red y la latencia de los mensajes. Lo más llamativo de Apache Kafka es cómo se realiza la lectura y borrado de los mensajes:

- La lectura de los mensajes por parte de los consumidores se basa en un offset desde el inicio para leer el mensaje correspondiente en cada momento. Esto implica que una lectura no implica el borrado del mensaje leído por lo que se mejora el rendimiento de manera considerable.

- Por otro lado, el borrado de los mensajes se realiza mediante una especie de proceso desatendido que se encarga de hacer una purga en los ficheros de logs (particiones) en el tiempo que se configure. Esto es posible ya que la estructuración de las particiones se fundamenta en la jerarquía de ficheros con indirección que algunos recordaréis de los sistemas operativos Linux cuando los ficheros eran muy grandes.

Productores. Los productores envían datos a los brokers de tal forma que cuando se inicia el nuevo broker, todos los productores lo buscan y envían automáticamente un mensaje a ese nuevo broker. El productor de Kafka no espera la confirmación por parte del broker y envía mensajes tan rápido como el broker puede manejar.

Consumidores. Los consumidores leen los datos de los brokers y se suscriben a uno o más topics, consumiendo los mensajes publicados y extrayendo datos de los brokers.

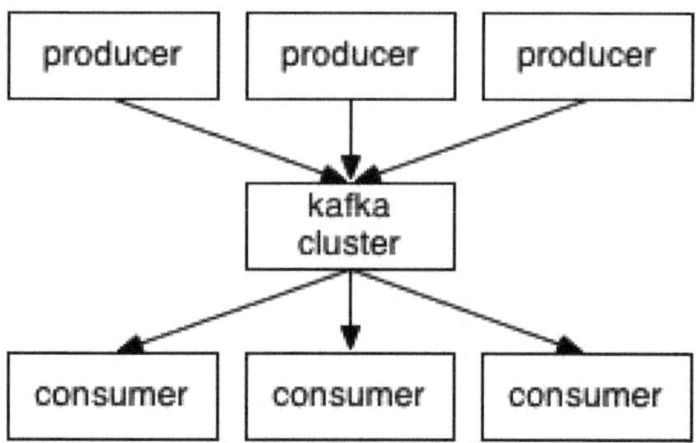

Kafka es simplemente una colección de topics divididos en una o más particiones. Una partición Kafka es una secuencia de mensajes ordenada linealmente, donde cada mensaje se identifica por su índice. Los mensajes entrantes se escriben al final de una partición y los consumidores los leen secuencialmente.

La durabilidad y tolerancia a fallos se proporciona replicando mensajes a diferentes brokers. El siguiente es el flujo de trabajo paso a paso de la mensajería Publish-Subscribe:

1. Los productores envían mensajes a un topic a intervalos regulares.
2. Kafka Broker almacena todos los mensajes en las particiones configuradas para ese topic en particular. El broker asegura que los mensajes se comparten por igual entre particiones. Si el productor envía dos mensajes y hay dos particiones, Kafka almacenará un mensaje en la primera partición y el segundo mensaje en la segunda partición.
3. El consumidor se suscribe a un topic específico y solicitará a los brokers en un intervalo regular para nuevos mensajes.
4. Una vez que Kafka recibe los mensajes de los productores, los reenvía a los consumidores.
5. Una vez el consumidor recibe los mensajes, estos se procesan y por cada mensaje, el consumidor enviará un acuse de recibo con la confirmación del mensaje al agente de Kafka.
6. Una vez que Kafka recibe dicha confirmación, lo actualiza en Zookeeper. Dado que las compensaciones se mantienen en el Zookeeper, el consumidor puede leer el siguiente mensaje correctamente incluso durante los periodos de fallo del servidor.
7. Este flujo anterior se repetirá hasta que el consumidor no desee recibir más mensajes.
8. El consumidor tiene la opción de retroceder / saltar al desplazamiento deseado de un tema en cualquier momento y leer todos los mensajes posteriores.

En un sistema de mensajería basado en múltiples colas, en lugar de un solo consumidor, tenemos un grupo de consumidores que comparten el mismo ID de grupo y dicho grupo se suscribe a un topic. En este caso los consumidores que se suscriben a un topic con la misma ID de grupo se consideran como un solo grupo y los mensajes se comparten entre ellos. El flujo de trabajo de este sistema donde tenemos un **grupo de consumidores** podría ser el siguiente:

1. Los productores envían mensajes a un topic en un intervalo regular.
2. Kafka almacena todos los mensajes en las particiones configuradas para ese topic en particular, similar al escenario anterior.
3. Un solo consumidor se suscribe a un topic específico.
4. Kafka interactúa con el consumidor de la misma manera hasta que un nuevo consumidor se suscribe el mismo topic.
5. Una vez que llega el nuevo consumidor, Kafka cambia su operación a modo compartido y comparte los datos entre los dos consumidores. Este intercambio continuará hasta que el número de consumidores alcance el número de particiones configuradas para ese topic en particular
6. Una vez que el número de consumidores excede el número de particiones, el nuevo consumidor no recibirá más mensajes hasta que cualquiera de los consumidores existentes se dé de baja. Este escenario surge porque a cada consumidor en Kafka se le asignará un mínimo de una partición y una vez que todas las particiones se asignen a los consumidores existentes, los nuevos consumidores tendrán que esperar.

9.5.3. Kafka cluster y Zookeeper

El hecho de que Kafka tenga más de un broker se llama clúster de Kafka. Estos clústeres se utilizan para administrar la persistencia y la replicación de los datos del mensaje. Una vez creado un cluster, en ocasiones es necesario su crecimiento. Para ampliar un cluster hay que añadir más brokers con un identificador único. Aunque para que los nuevos brokers reciban datos hay que asignar particiones/réplicas a los nuevos nodos.

El clúster de Kafka generalmente consta de múltiples brokers para mantener el equilibrio de carga. La elección del broker principal de Kafka la lleva a cabo ZooKeeper.

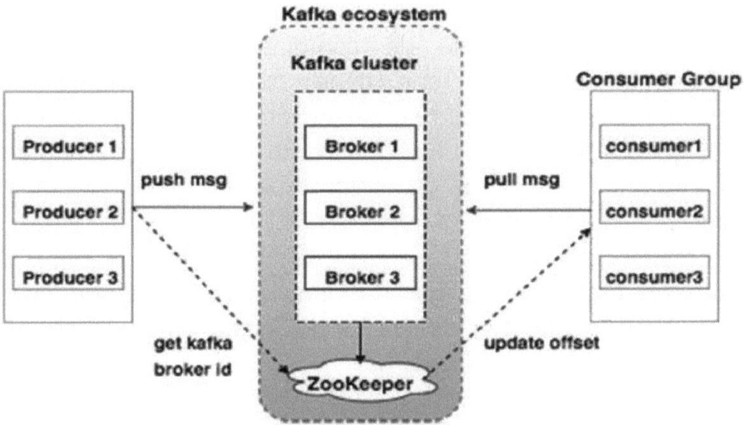

Los brokers proporcionan el principal servicio de Kafka que tienen como objetivo almacenar las distintas colas de mensajes (topics) y la sincronización se realiza utilizando **Apache Zookeeper** https://zookeeper.apache.org.

ZooKeeper es un servicio que se utiliza para gestionar y coordinar los diferentes brokers de Kafka con el objetivo de notificar al productor y al consumidor sobre la presencia de cualquier nuevo broker en el sistema o a eliminación de un broker. Según la notificación recibida con respecto a la presencia de un nuevo broker, el productor y el consumidor comienzan a coordinarse para elegir el próximo broker del cual van a empezar a leer datos.

Zookeeper sirve como interfaz de coordinación entre los brokers de Kafka y los consumidores. Los servidores Kafka comparten información a través de un clúster Zookeeper. Kafka almacena metadatos básicos en Zookeeper, como información sobre topics y brokers.

Se trata de un servicio de coordinación centralizada para aplicaciones distribuidas que tiene como objetivo solucionar problemas relacionados con el almacenamiento de configuración y los bloqueos distribuidos. Principalmente Kafka lo utiliza para el autodescubrimiento de los diferentes brokers cuando creamos un cluster.

El servicio está formado por distintos nodos cada uno con un servidor donde uno de los servidores actúa como leader y se encarga de la coordinación interna.

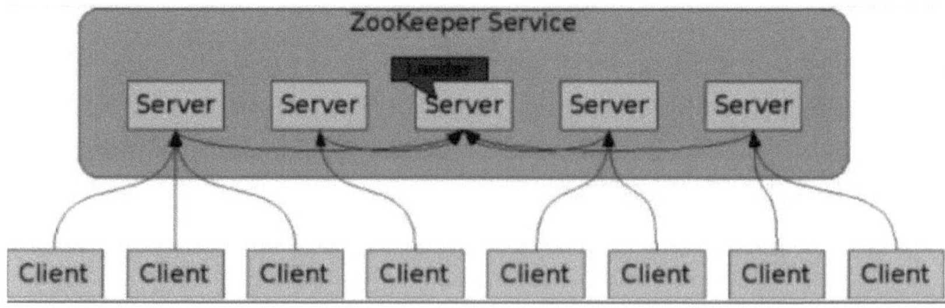

Dado que toda la información crítica se almacena en el Zookeeper y normalmente replica estos datos en su conjunto, si se produce un error en Zookeeper, no tiene porqué afectar al estado del clúster Kafka.

El clúster de Kafka conserva todos los mensajes publicados, hayan sido consumidos o no, durante un período configurable de tiempo. Por ejemplo, si la retención se establece durante dos días, durante los dos días posteriores a la publicación de un mensaje está disponible para el consumo, pasado ese tiempo, se eliminarán los mensajes para liberar espacio. El rendimiento de Kafka es efectivamente constante con respecto al tamaño de los datos, por lo que retener gran cantidad de datos no es un problema.

El **aprovisionamiento de eventos** es un estilo de diseño de aplicaciones donde los cambios de estado se registran como una secuencia de registros ordenados por tiempo. El soporte de Kafka para datos de registro almacenados muy grandes lo convierte en un excelente back-end para una aplicación construida en este estilo.

9.5.4. Plataforma Kafka

Actualmente Kafka está creando nuevo software a su alrededor para convertir a Kafka en el centro de una plataforma de streaming. Los componentes principales de esta plataforma son:

- **Kafka Connect**
  - **https://docs.confluent.io/current/connect/index.html**
- **Kafka Streams**
  - **https://kafka.apache.org/documentation/streams**

Kafka Connect es un módulo que nos permite mover datos desde Kafka a otros sistemas y funciona utilizando workers que ejecutan los distintos conectores y **nos permite conectarnos a fuentes de datos relacionales y no relacionales, para posteriormente convertirlas en mensajes.**

Actualmente existen una gran variedad de conectores desarrollados la mayoría de ellos por la comunidad entre los que podemos destacar **HDFS, JDBC, Elastic Search, Cassandra, DynamoDB, MongoDB, S3.** Podemos encontrar la lista completa de conectores en **http://www.confluent.io/product/connectors**.

Los workers proporcionan **escalabilidad** ya que distribuyen los conectores en distintas máquinas y **tolerancia a fallos**, de tal forma que si un worker, falla los conectores son ejecutados en otro worker.

Kafka Streams es un software para procesamiento de eventos en streaming. Lo podemos comparar con otras soluciones como Apache Samza, Storm, Spark Streaming o Flink, que son **frameworks orientados al procesamiento distribuido de flujos de datos**.

9.5.5. Requisitos para utilizar Apache Kafka

Para poder ejecutar un clúster de Kafka, se necesita un hardware adecuado. Dado que el alto rendimiento de los datos es una de las ventajas particulares de Apache Kafka, es de vital importancia elegir unas unidades de disco duro apropiadas.

En términos de software, es importante cumplir unos requisitos mínimos para poder utilizar Apache Kafka para gestionar flujos de datos entrantes y salientes.
Por ejemplo, a nivel de sistema operativo, sería aconsejable el uso de sistema basados en UNIX como Mac OS x o una distribución de Linux, ya que la compatibilidad con las plataformas de Windows es limitada.

Dado que Apache Kafka está escrito en lenguaje Scala, compilado en Java, es obligatorio tener instalada una versión actualizada del Java Development Kit (JDK) en su sistema operativo. Lo mismo se aplica, entre otros, al Java Runtime Environment, necesario para ejecutar aplicaciones Java. Otro componente obligatorio es el servicio Apache ZooKeeper, que permite la sincronización de procesos en sistemas distribuidos.

9.5.6. Implementar un Productor y Consumidor en Java

Kafka dispone de un API Java para construir productores y consumidores de mensajes. El productor es muy sencillo, únicamente se indica el servidor donde se está ejecutando Kafka y el topic por el que escribimos los mensajes:

KafkaProductor.java

```
import java.util.Properties;

import kafka.javaapi.producer.Producer;
import kafka.producer.KeyedMessage;
import kafka.producer.ProducerConfig;

public class KafkaProductor {

   private static final String KAFKA_SERVER =
"localhost:9092";
   private final Producer<String, String> productor;

   public KafkaProductor() {
      final Properties props = new Properties();
      props.put("metadata.broker.list", KAFKA_SERVER);
      props.put("serializer.class",
"kafka.serializer.StringEncoder");
      properties.put("request.required.acks", "1");
      producer = new Producer<String, String>(new
ProducerConfig(props));
   }
```

```
    public void sendMessage(String topic, String message) {
        productor.send(new KeyedMessage<String, String>(topic,
message));
    }

    public void close() {
        producer.close();
    }

    public static void main(String[] args) {
                new
KafkaProductor().sendMessage("topic_prueba", "mensaje de
prueba");
        }
}
```

Para ver de forma rápida si el producer está escribiendo en el topic indicado y le llega este mensaje a Kafka podríamos implementar el siguiente consumidor:

KafkaConsumidor.java

```
import java.nio.ByteBuffer;
import java.util.HashMap;
import java.util.Map;

import kafka.api.FetchRequest;
import kafka.api.FetchRequestBuilder;
import kafka.api.PartitionOffsetRequestInfo;
import kafka.common.TopicAndPartition;
import kafka.javaapi.FetchResponse;
import kafka.javaapi.OffsetRequest;
import kafka.javaapi.consumer.SimpleConsumer;
import kafka.message.MessageAndOffset;

import org.apache.log4j.Logger;

public class KafkaConsumidor {
```

```
	private static final Logger log =
Logger.getLogger(KafkaConsumidor.class);
	private static final int FETCH_SIZE = 100000;
	private static final int MAX_NUM_OFFSETS = 1;
	private static final int BUFFER_SIZE = 64 * 1024;
	private static final int TIMEOUT = 100000;
	private static final int PARTITION = 1;
	private static final int PORT = 9092;
	private static final String TOPIC = "topic_prueba";
	private static final String BROKER = "localhost";
	private static final String CLIENT = "testClient";
	private final SimpleConsumer consumer;

	public KafkaConsumidor() {
		this.consumer = new SimpleConsumer(BROKER,
PORT, TIMEOUT, BUFFER_SIZE, CLIENT);
	}

	public void run() throws Exception {
		long readOffset = getLastOffset(consumer,
kafka.api.OffsetRequest.EarliestTime());

		while (true) {
			final FetchRequest req = new
FetchRequestBuilder().clientId(CLIENT).addFetch(TOPIC,
PARTITION, readOffset, FETCH_SIZE) .build();
			final FetchResponse fetchResponse =
consumer.fetch(req);

			for (MessageAndOffset messageAndOffset :
fetchResponse.messageSet(TOPIC, PARTITION)) {
				long currentOffset =
messageAndOffset.offset();
				if (currentOffset < readOffset) {
					continue;
				}

				readOffset =
messageAndOffset.nextOffset();
				final ByteBuffer payload =
```

```
messageAndOffset.message().payload();
                              final byte[] bytes = new
byte[payload.limit()];
                              payload.get(bytes);
                              log.info("[" + messageAndOffset.offset()
+ "]: " + new String(bytes, "UTF-8"));
                       }
               }
       }

       public static long getLastOffset(SimpleConsumer
consumer, long whichTime) {
               final TopicAndPartition topicAndPartition = new
TopicAndPartition(TOPIC, PARTITION);
               final Map<TopicAndPartition,
PartitionOffsetRequestInfo> requestInfo = new
HashMap<TopicAndPartition, PartitionOffsetRequestInfo>();
               requestInfo.put(topicAndPartition, new
PartitionOffsetRequestInfo(whichTime,
MAX_NUM_OFFSETS));

               final OffsetRequest offsetRequest = new
OffsetRequest(requestInfo,
kafka.api.OffsetRequest.CurrentVersion(), CLIENT);

               return
consumer.getOffsetsBefore(offsetRequest).offsets(TOPIC,
PARTITION)[0];
       }

       public static void main(String args[]) {
               try {
                       new KafkaConsumidor().run();
               } catch (Exception e) {
                       log.error("Error:" + e);
               }
       }
}
```

En el código anterior levantamos el Producer con el mensaje enviado para el topic 'topic_prueba' y lo que vamos viendo por el log del consumer es el mensaje que nos llega por estar suscritos al topic. Creamos el Consumer indicando el host y puerto donde está arrancado el broker. También se configuran parámetros para configurar un timeout, el tamaño del buffer y un identificador para el consumer.

La gran velocidad en lecturas que tiene Kafka se debe a que los topics se leen a partir de un puntero que marca el offset donde empiezan los mensajes. Es responsabilidad del consumer el mantenimiento de este offset.

9.6. Apache Pulsar

Apache Pulsar es un sistema de mensajería de tipo Publish-Subscribe desarrollado y mantenido por la Apache Software Foundation como proyecto open source. Las características más destacables son su alta escalabilidad y rendimiento. Es posible desplegar Apache Pulsar en contenedores mediante Kubernetes y puede usarse como un bróker de mensajería, como hace Apache Kafka.

Pulsar proporciona funciones (llamadas Pulsar Functions) que permiten implementar la lógica de procesamiento en los lenguajes de programación Java, Python y Go sin necesidad de depender de otras tecnologías como Spark o Storm.

Entre las principales **características** podemos destacar:

- **Rendimiento.** Apache Pulsar consigue latencias muy bajas y un rendimiento de hasta 1 millón de mensajes por segundo según las pruebas de rendimiento realizadas. Además, garantiza que se cumple la entrega y el orden de los mensajes.

- **Escalabilidad.** Es un sistema fácilmente escalable, en el que para aumentar la capacidad basta con añadir más nodos al clúster, que se usarán para distribuir los datos. En este aspecto proporciona la capacidad para distribuir el sistema en varios datacenters y así replicar sus datos.
- **Multi-tenancy.** Esto implica que varios servicios y clientes pueden compartir el mismo sistema. Para ello, Pulsar también ofrece mecanismos de autenticación y autorización para proteger la seguridad y acceso a los datos.

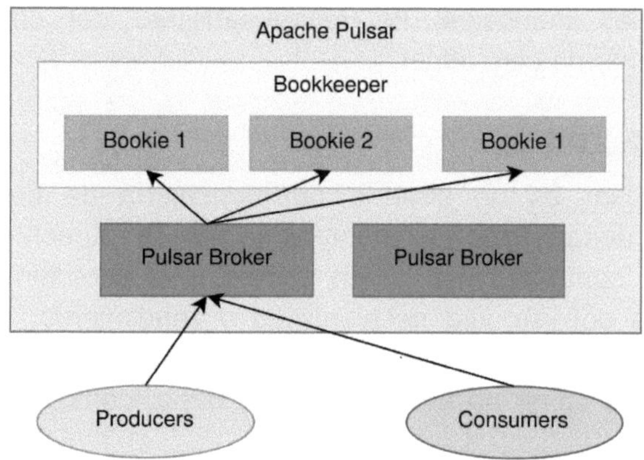

9.6.1. Apache Pulsar vs Apache Kafka

Viendo el diagrama podemos pensar que es muy parecido a kafka. Las diferencias principales entre estos dos sistemas de mensajería es la forma que tienen de distribuir los datos.

Pulsar mantiene los datos más balanceados en sus brokers que Apache Kafka. En Kafka, todos los datos de una partición se encuentran en un bróker y por tanto, su capacidad está limitada por el propio bróker en el que se encuentra.

Cuando se intenta escalar en **Apache Kafka , muchas veces es necesario realizar una operación de rebalanceo** y si esta operación no se realiza, los datos podrían quedar distribuidos de una manera desbalanceada, y por tanto, no mantener todas las ventajas del sistema.

Pulsar divide los datos de cada partición también en segmentos. Estas unidades son más pequeñas y se distribuyen de manera balanceada entre los brókers. Con esto, **Pulsar consigue hacer innecesarias las operaciones de rebalanceo de datos** y también que la capacidad no esté limitada por el bróker, ahorrando mantenimiento y carga adicional.

En cuanto a replicación, Apache Kafka permite conseguir replicación geográfica con la herramienta **Kafka Mirror Maker** https://cwiki.apache.org/confluence/pages/viewpage.action?pageId=27846330, lo que supone mantener un proceso adicional aparte del sistema principal. En Pulsar, la replicación geográfica viene incorporada de serie.

La conclusión de la comparativa es que en Apache Pulsar es un sistema más fácil de escalar y más flexible que Apache Kafka.

9.7. RabbitMQ

RabbitMQ http://www.rabbitmq.com es un proyecto de código abierto escrito en Erlang https://www.erlang.org que ofrece la posibilidad de trabajar con múltiples clientes desarrollados en diferentes lenguajes de programación como Java, Ruby, PHP.

Se trata de un **middleware de mensajería** de código abierto, distribuido y escalable, que sirve como intermediario para la comunicación eficiente entre productores y consumidores, además de ofrecer una buena combinación entre rendimiento y latencia.

Para ello, RabbitMQ implementa el protocolo mensajería de capa de aplicación **AMQP** (Advanced Message Queueing Protocol), el cual está enfocado en la comunicación de mensajes asíncronos con garantía de entrega, a través de confirmaciones de recepción de mensajes desde el broker al productor y desde los consumidores al broker.

Principales características:

- Garantiza la entrega y orden de los mensajes que se consumen, respetando el orden de llegada y solo se consumen una vez.
- Redundancia de mensajes en diferentes colas, permite alta disponibilidad y tolerancia a fallos.
- Enrutamiento flexible.
- Desacoplamiento gracias a las capas intermedias de comunicación entre procesos.
- Escalabilidad con más unidades de procesamiento, las colas puede balancean sus cargas.

En una forma simplificada, en RabbitMQ se definen colas que van a almacenar los mensajes que envían los productores hasta que las aplicaciones consumidoras obtienen el mensaje y lo procesan. Esto nos permite diseñar e implementar sistemas distribuidos, en los cuales un sistema se divide en módulos independientes que se comunican entre sí a través de mensajes.

Esta plataforma de mensajería está compuesta por diferentes módulos:

- Un servidor de intercambio de mensajes, que implementa las colas.
- Interfaces para la comunicación entre sistemas basadas en los protocolos HTTP, XMPP y STOMP.

Dentro de su categoría, es importante señalar que RabbitMQ es una aplicación ampliamente usada en la industria. De hecho, se considera el software de mensajería Open Source más utilizado, con funcionalidad para atender todo tipo de proyectos. Gracias a sus múltiples protocolos de comunicación, es capaz de adaptarse a empresas pequeñas y startups, hasta a las organizaciones más exigentes, independientemente del stack de tecnologías que estén usando.

La principal ventaja de un sistema de mensajería basado en colas de mensajes o topics está en que una vez el emisor del mensaje lo envía a la cola, es el bróker de mensajería el que se encarga de él, mientras el emisor puede dedicarse a una nueva tarea sin tener que esperar a que el mensaje llegue al receptor. Con este sistema, el mensaje permanece en la cola y el receptor puede recogerlo más tarde. Para entonces, es posible que el emisor ya se esté dedicando a una nueva tarea. Es decir, se trata de una comunicación asíncrona: los emisores y los destinatarios no tienen por qué ir al mismo ritmo.

9.7.1. Componentes de RabbitMQ

En la transmisión de los mensajes participan cuatro elementos:

- **Productor(Producer):** crea los mensajes
- **Intercambiador(Exchange):** entrega los mensajes
- **Cola(Queue)**: Es el componente que guarda los mensajes provenientes de los exchange y los envía a los consumidores que están escuchando por estos mensajes.
- **Consumidor(Consumer):** procesa el mensaje

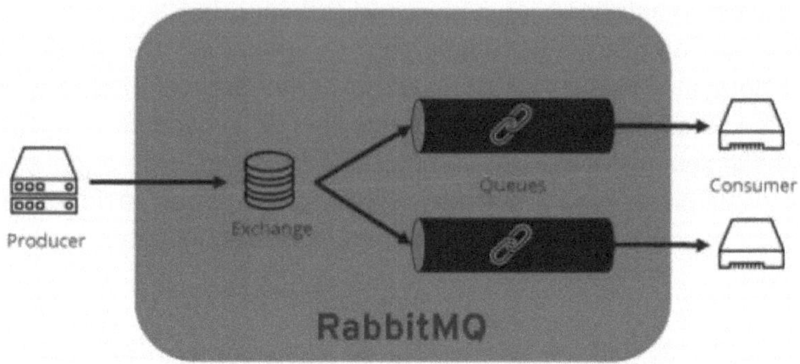

El productor publica un mensaje, pero no lo envía directamente al consumidor, sino que lo entrega a un broker o exchange. En esta punto se distribuyen los mensajes por las diferentes colas, que sirven de punto de lectura de un mensaje para un consumidor. Para que los mensajes lleguen al destinatario correcto, se utilizan **claves de enrutamiento**, es decir, un atributo que el emisor añade a la cabecera del mensaje y funciona como una dirección, mediante el cual el broker sabrá dónde enrutar el mensaje.

El componente **exchange** es el encargado de recibir los mensajes enviados al broker por un productor y depositarlos en la cola adecuada de acuerdo a una clave de enrutamiento (routing key). Esto significa que el productor no envía los mensajes directamente a la cola, sino que los envía a un exchange con una llave de enrutamiento.

De esta forma, si un productor quiere enviar un mensaje a diversas colas, no tiene que enviarlo a cada una de ellas, sino que el exchange se encarga de distribuir este mensaje a cada una de las colas.

9.7.2. Arquitectura de RabbitMQ

La arquitectura corresponde a un modelo basado en la implementación de una cola de mensajes donde tenemos aplicaciones clientes, llamadas productores, que crean mensajes y los entregan al intermediario (la cola de mensajes). Otras aplicaciones, llamadas consumidores, se conectan a la cola y se suscriben a los mensajes que se procesarán.

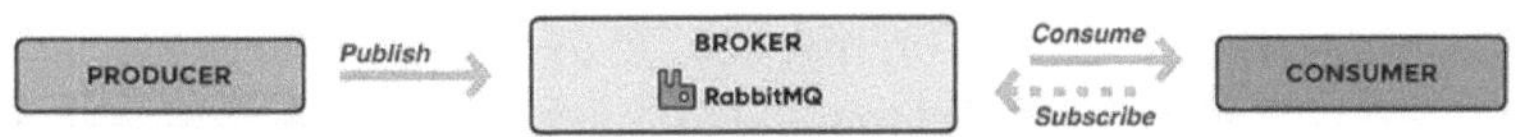

Un software puede ser un productor, consumidor, o productor y consumidor de mensajes simultáneamente. Los mensajes colocados en la cola se almacenan hasta que el consumidor los recupera y procesa.

Los mensajes no se publican directamente en una cola, en lugar de eso, el productor envía mensajes a un exchange. Los exchanges son agentes de enrutamiento de mensajes, definidos por virtual host dentro de RabbitMQ. Un exchange es responsable del enrutamiento de los mensajes a las diferentes colas: acepta mensajes del productor y los dirige a colas de mensajes con ayuda de atributos de cabeceras, bindings y routing keys.

- Un binding es un «enlace» que se configura para vincular una cola a un exchange
- La routing key es un atributo del mensaje. El exchange podría usar esta clave para decidir cómo enrutar el mensaje a las colas (según el tipo de exchange)

Los exchanges, las conexiones y las colas pueden configurarse con parámetros tales como durable, temporary, y auto delete en el momento de su creación. Los exchanges declarados como durable sobrevivirán a los reinicios del servidor y durarán hasta que se eliminen explícitamente.

Aquellos de tipo temporary existen hasta que RabbitMQ se cierre. Por último, los exchanges configurados como auto delete se eliminan una vez que el último objeto vinculado se ha liberado del exchange.

En el siguiente diagrama podemos ver el **flujo de mensajes de RabbitMQ**:

1. El productor publica un mensaje al exchange
2. El exchange recibe el mensaje y pasa a ser el responsable del enrutamiento del mensaje.
3. Se debe establecer un binding entre la cola y el exchange. En el ejemplo, tenemos enlaces a dos colas diferentes desde el exchange. El exchange enruta el mensaje a las colas.
4. Los mensajes permanecen en la cola hasta que sean manejados por un consumidor.
5. El consumidor procesa el mensaje.

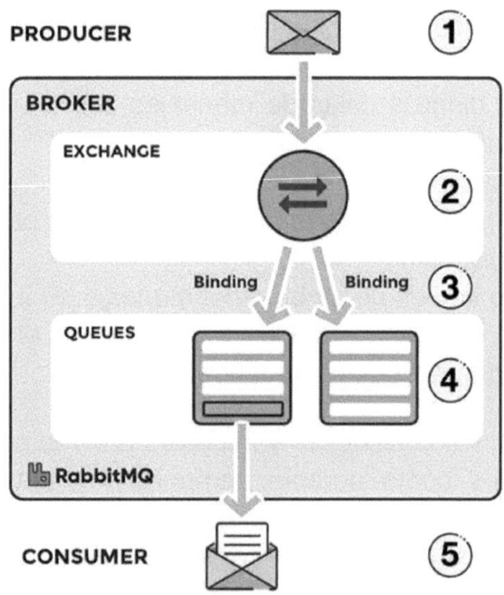

El principal elemento de RabbitMQ son las colas donde llegan y se almacenan (en memoria o en disco) los mensajes hasta que sean consumidos. Por otro lado, los intercambiadores (exchanges) son los encargados de distribuir los mensajes a las colas ya sea de forma directa o a través de una subscripción.

9.7.3. Ventajas de RabbitMQ

Además de permitir la integración de diferentes aplicaciones a través de mensajes de forma asíncrona y desde diversas ubicaciones, RabbitMQ nos ofrece otras ventajas que lo han hecho muy popular dentro del mundo de los brokers de mensajería:

- **Confiabilidad.** RabbitMQ incorpora varias características que le permiten garantizar la entrega de los mensajes. Entre ellas, proporciona almacenamiento cuando no hay consumidores disponibles para recibir el mensaje, brinda la posibilidad de que el consumidor acepte la entrega del mensaje para asegurarse de que lo procesó correctamente y, en caso de que haya fallado su procesamiento, permite que el mensaje se pueda reencolar para ser consumido por una instancia diferente del consumidor o que sea procesado de nuevo por el mismo consumidor que inicialmente falló, cuando este se recupere. RabbitMQ también garantiza el orden de entrega de los mensajes, es decir, estos se van consumiendo en el mismo orden en que han estado llegando a las colas de RabbitMQ.
- **Creación de clusters.** Si bien RabbitMQ proporciona gran rendimiento procesando miles de mensajes por segundo, en ocasiones debe ser capaz de procesar una mayor cantidad de mensajes sin impactar el rendimiento de las a aplicaciones. Para esto RabbitMQ permite la creación de clústeres para escalar horizontalmente la solución, lo cual es transparente tanto para los productores como para los consumidores.
- **Colas altamente disponibles.** En RabbitMQ las colas pueden ser replicadas en diversos nodos de un cluster,

proporcionando la seguridad de que en caso de una falla o indisposición de un nodo, el broker puede seguir recibiendo mensajes de los productores y entregandolos a los consumidores adecuados.

- **Permite la escalabilidad de las aplicaciones.** Cuando un consumidor se subscribe a una cola, y existen mensajes para este consumidor, RabbitMQ le va entregando mensajes para su procesamiento . Si la velocidad de producción de mensajes es mayor a la capacidad que el consumidor puede procesar dichos mensajes, se pueden crear nuevas instancia de ese consumidor para hacer frente al mayor flujo de mensajes.
- **Balanceo de entrega de mensajes.** Cuando RabbitMQ identifica que existen varias instancias de un mismo consumidor suscritas a una misma cola, balancea la entrega de mensajes a cada una de las instancias. Esta característica no solo nos posibilita la distribución de carga en las aplicaciones consumidoras, también nos permite incrementar la disponibilidad de las mismas.
- **Enrutamiento flexible**. En RabbitMQ se pueden definir reglas de enrutamiento flexible, incluso que cumplan un determinado patrón, para enrutar los mensajes entre los exchanges y las colas, a través de los bindings.
- **Soporte a múltiples protocolos.** Aparte de soportar el protocolo AMQP, RabbitMQ también soporta otros protocolos como STOMP, MQTT y HTTP a través de plugins.
- **Mecanismos de autenticación.** Incorpora mecanismos de autenticación y control de acceso a cada uno de los componentes del broker.
- **Soporte de lenguajes.** RabbitMQ soporta una gran cantidad de lenguajes de programación con los que es posible construir productores y consumidores de mensajes. Entre estos tenemos Java, Scala, PHP, Python, Ruby, entre otros.

9.7.4. Ejecución de RabbitMQ con Docker

Para ejecutar RabbitMQ podemos usar el contenedor de Docker que podemos encontrar en el DockerHub https://hub.docker.com/_/rabbitmq iniciándolo con Docker Compose y el siguiente archivo.

```
version: "3"
services:
  rabbitmq:
    image: rabbitmq:management-alpine
    volumes:
      - data:/var/lib/rabbitmq
    ports:
      - "5672:5672"
      - "15672:15672"
    environment:
      - RABBITMQ_NODENAME=rabbitmq

volumes:
  data:
```

En la comunicación con RabbitMQ se puede usar TLS/SSL así como mecanismos de autenticación y autorización para mayor seguridad. Usando confirmaciones si el receptor falla en el procesado, el mensaje no se pierde ya que no se habrá declarado como acknowledge aún así si RabbitMQ falla los mensajes se perderán a menos que las colas se declaren como persistentes en disco.

RabbitMQ posee un plugin para la administración con el que podemos administrar permisos, tener una vista global, ver ratios de mensajes, estadísticas, colas, exchanges e información relacionada sobre el estado del procesamiento de mensajes.

10. Arquitecturas big data

Este capítulo pretende introducir al lector en los principales frameworks para el desarrollo de proyectos Big Data. Apache Spark supuso una mejora muy grande en relación a las aplicaciones MapReduce. Posteriormente han ido surgiendo otras plataformas como Apache Flink con el objetivo de mejorar el rendimiento.

Comenzaremos con un estudio genérico del procesamiento de datos en tiempo real. Posteriormente estudiaremos **Apache Spark** como plataforma de desarrollo y finalmente realizamos un estudio de la plataforma **Apache Flink** que consistirá en poner en contexto este framework y compararlo con otros similares como pueden ser Spark.

10.1. Apache Spark

Apache Spark es un framework open-source de computación en cluster que fue diseñado con el objetivo de resolver los problemas de rendimiento que se observaron usando el paradigma mapreduce de Hadoop, tanto en procesos iterativos como en procesos intensivos en consultas.

Apache Spark es un framework open source que permite el análisis de datos de forma distribuida y en memoria. La llegada de Apache Spark aporta al ecosistema Big Data capacidades de procesamiento de datos que hasta ese momento se podían conseguir combinando diferentes componentes.

10.1.1. Componentes de Spark

Spark está formado por cinco componentes:

- **Spark Core**: Se encarga del reparto de tareas en paralelo entre los diferentes nodos que forman el clúster y de las distintas operaciones de entrada/salida (cargar datos de diversos orígenes de datos y escribir los resultados en su destino final).

- **Spark SQL**: Módulo encargado de realizar consultas y calcular agregados sobre los datos. Del mismo modo que para bases de datos relacionales se trabaja con tablas, en Spark SQL se dispone de Data Frames, donde los registros se disponen en forma de columnas.
- **Spark Streaming**: Para el procesamiento de datos en tiempo real.
- **MLib**: Componente para implementar algoritmos de aprendizaje automático (Machine Learning)
- **GraphX**: Módulo que permite el procesamiento de grafos

10.1.2. Ventajas de usar Spark

La principal ventaja de Apache Spark es que ofrece una velocidad de procesamiento de hasta 100 veces mayor a Hadoop para procesos ejecutados completamente en memoria, y 10 veces en aquellos que necesitan el uso de disco. Además, el hecho de poseer componentes dedicados a tareas específicas, hace que desarrollar con Spark sea más ventajoso que utilizar otras tecnologías. Finalmente, su arquitectura clusterizada hace que sea un sistema escalable, de forma que se pueden ir añadiendo más recursos a medida que se van necesitando.

Apache Spark aporta velocidad en el procesamiento de datos con respecto al framework MapReduce de Apache Hadoop. Los Jobs basados en MapReduce, que podían durar horas o incluso días (dependiendo del volumen de datos a tratar y de la complejidad de los algoritmos), ven reducido drásticamente su tiempo de ejecución al utilizar Spark.

Aparte de la velocidad, Apache Spark aporta una ventaja muy importante desde el punto de vista de un desarrollador de software. Cualquier desarrollador que haya trabajado con el framework MapReduce de Hadoop sabe que es complejo, y la llegada de

Apache Spark aporta mayor facilidad en el desarrollo de aplicaciones de este tipo. Esta facilidad viene dada porque Spark provee diferentes APIs para Scala, Java y Python que abstraen al desarrollador de la complejidad a la que estaban acostumbrados al trabajar con el framework MapReduce. Y esto se traduce también en velocidad a la hora de construir aplicaciones.

Uno de los puntos fuertes de Spark es su librería de streaming o real time. Hay que puntualizar que Apache Spark no proporciona verdadero tiempo real debido a la forma de gestionar la consumición de eventos o información en «tiempo real», ya que realmente lo que hace Apache Spark es la ejecución de procesos denominados micro batch. Estos procesos micro batch están constantemente en ejecución y leen información de la fuente cada un periodo de tiempo establecido.

10.2. Procesamiento de datos en tiempo real

Históricamente, la mayoría de las empresas que generaban muchos datos tenían que descartarlos, debido al coste de almacenamiento y procesamiento de los mismos. Esta situación cambió con la aparición de las primeras tecnologías de almacenamiento Big Data como Apache Hadoop y Cassandra.

Con el objetivo de poder procesar mayor volumen de datos, empezaron a surgir otras tecnologías del ecosistema que ayudaban en esta labor: Pig, Hive y Spark. Por ejemplo, Apache Spark encontró una forma inteligente de hacer procesamiento en tiempo real usando una aproximación mediante micro-batching.

Una vez resuelto el problema del procesamiento, las empresas se dieron cuenta de que la causa de almacenar tanta cantidad de datos era debido a que los recibían continuamente en flujos y que el dato iba perdiendo valor según iba pasando el tiempo, por lo que surgieron las soluciones streaming, principalmente **Spark Streaming, Storm y Apache Flink**.

La característica principal que aportan estos motores de procesamiento en streaming es que son capaces de **analizar esta información conforme va llegando a través del flujo de datos**. Consideramos tiempo real al procesamiento en streaming de datos en el mínimo tiempo posible para hacer una analitica de la información procesada.

Estos frameworks para el procesamiento de streams debían dar respuesta a nuevos problemas que surgían:

- Las transformaciones y el procesamiento de los datos cuando se encadenan tienen que tener en cuenta que estos pueden llegar de forma contínua en un flujo de datos.
- En caso de indisponibilidad de nuestro servicio, tenemos que disponer de mecanismos para no perder ningún dato de ese flujo continuo. En este punto es necesario separar la parte de adquisición de la de procesamiento de los datos y es importante dedicarle un a fase de análisis atención durante el diseño de la plataforma.
- Con respecto a los requerimientos de tiempo de procesamiento, sería importante determinar el tiempo máximo en el que se va a devolver un dato.
- En caso de fallo en alguno de los nodos, el framework tiene que asegurarnos que cada evento se procesa siempre y solo una vez. Este requisito implica habitualmente costosos mecanismos de sincronización y control de errores.

Entre estas nuevas herramientas que han surgido para el procesamiento en tiempo real podemos destacar **Apache Samza**, **Storm** o **Flink** con el objetivo de dar solución a estos problemas.

- **Apache Storm** http://storm.apache.org fue uno de los primero proyectos para el procesamiento en tiempo real utilizando los procesos como streaming puro, mejorando de esta forma la solución ofrecida por Hadoop con el procesamiento por lotes.
- **Apache Flink** **http://flink.apache.org/downloads.html** consigue streaming puro implementando características como procesamiento en memoria, soporte nativo para iteraciones, optimización automática de procesos y uso avanzado de ventanas temporales de datos.

De entre todas las plataformas, Apache Flink parece que ha sido la que mejor ha resuelto estos problemas, aumentando las capacidades y velocidad de procesamiento.

10.3. Apache Flink

Apache Flink es un framework de código abierto orientado al procesamiento de flujos de datos en streaming de forma distribuida y con alta disponibilidad. El proyecto comenzó como una colaboración de varias universidades europeas en un proyecto de investigación llamado "**Stratosphere: Information Management on the Cloud**".

Las **características** más importantes de Apache Flink son las siguientes:

- **Procesamiento de flujos de datos**: Permite obtener resultados en tiempo real a partir de flujos de datos.
- **Procesamiento Batch**: Procesamiento de datos históricos y estáticos.

- **Aplicaciones orientadas a eventos**: Se pueden realizar acciones y dar servicios a partir de los datos procesados en tiempo real.

Apache Flink es una plataforma de código abierto para el procesamiento en streaming de datos escalables y procesamiento por lotes. Se trata de un motor de procesamiento de **streams** o **flujos de datos** que proporciona capacidades de distribución de datos, comunicaciones y tolerancia a fallos.

El ecosistema de Flink tiene como base el núcleo de Flink o Flink Core sobre el cuál se encuentran todas las APIs y librerías de utilidades básicas. Entre las principales librerías y componentes de Flink podemos destacar:

- **DataSet API**: Permite procesar conjuntos finitos de datos en modo Batch. Entorno de ejecución en el que las transformaciones se ejecutan sobre conjuntos de datos tomados de fuentes más estáticas (como ficheros o bases de datos locales).
- **DataStream API**: Permite procesar conjuntos infinitos de datos en modo Streaming. La principal diferencia con respecto al API anterior es que los datos son recolectados desde fuentes dinámicas, como sockets o colas de mensajes.
- **Flink ML** es una librería para implementar algoritmos de Machine Learning.
- **Gelly** como API de creación y análisis de grafos.
- **Table API**, en sus versiones tanto por lotes como de flujos, que permiten utilizar expresiones con una sintaxis parecida a SQL.

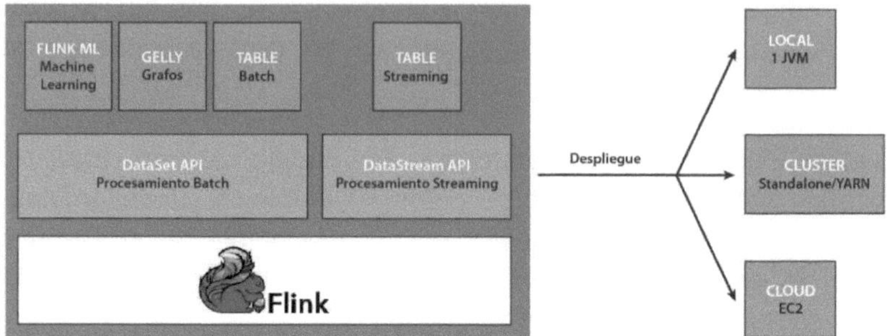

Apache Flink es un motor nativo de procesamiento de flujos de datos de baja latencia, que proporciona capacidades de distribución de datos comunicación y tolerancia a fallos. Las aplicaciones que obtienen mejores rendimientos de Flink son:

- Sistemas distribuidos que den respuesta rápidamente a preguntas computacionalmente complejas utilizando algoritmos de machine learning.
- Procesos de limpieza y filtrado sobre grandes cantidades de datos.
- Detección de anomalías.
- Sistemas de monitorización de alertas en tiempo real.
- Proyectos de IOT.

10.3.1. Arquitectura de Apache Flink

En esta sección nos centramos en explicar cuál es la arquitectura de Apache Flink y cómo podemos usarlo en proyectos que requieran tiempos de respuesta menores.

A la hora de ejecutar un proceso, el sistema de Flink levanta un **JobManager**, que hace las veces de coordinador de todo el sistema, y uno o más **TaskManager**, encargados de ejecutar partes del programa en paralelo. Cuando se envía un programa al sistema es el optimizador el encargado de transformarlo en un DataFlow, ejecutable de forma paralela por los TaskManager, coordinados por el JobManager. El siguiente esquema muestra esta arquitectura básica:

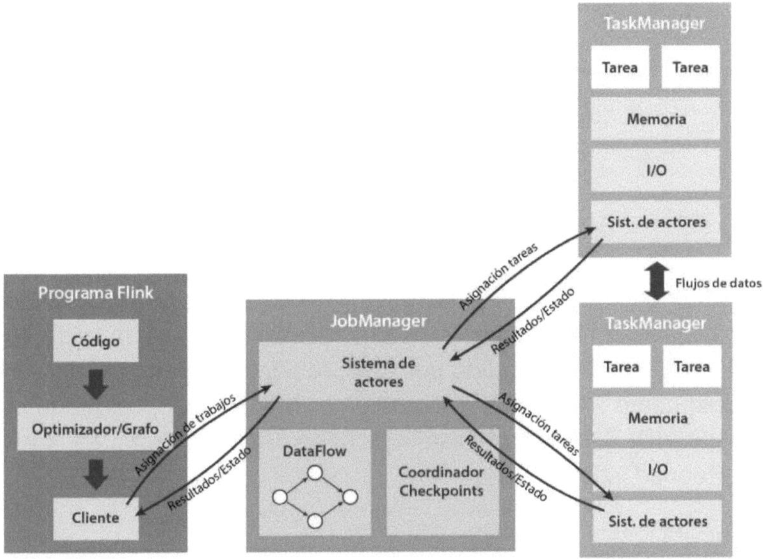

Se basa en una arquitectura cliente servidor en la que el sistema Flink levanta un JobManager, que hace de coordinador de todo el sistema, y uno o más TaskManager, encargados de ejecutar partes del código en paralelo.

Por otro lado cabe destacar que es el **Optimizer/Graph** Builder el que se encarga de transformar el código a un DataFlow para que sea ejecutable de forma paralela por los TaskManager.

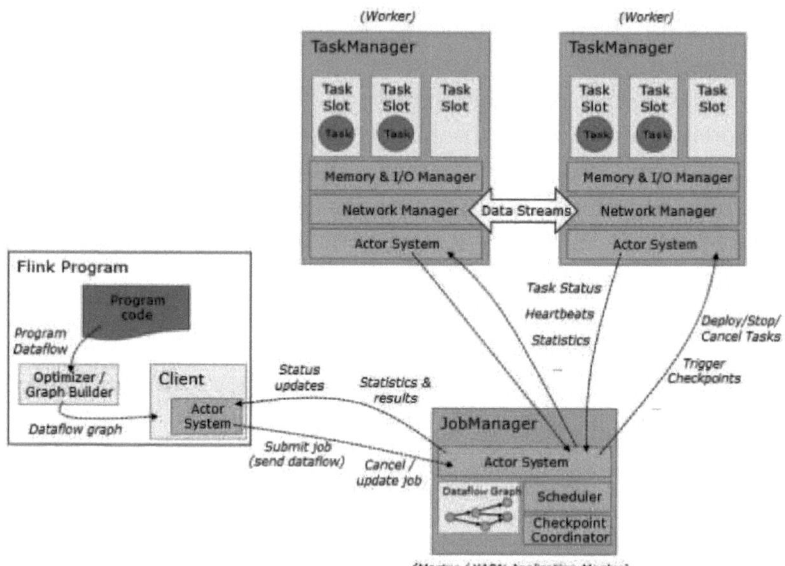

El diseño original de Flink se basa en conceptos de MapReduce, MPP Database (Massively Parallel Processing) y sistemas de flujo de datos. El modelo seguido por Apache Flink fue pensado desde el principio como alternativa al paradigma MapReduce, haciendo uso tanto de HDFS (Hadoop Distributed File System) como de YARN (MapReduce v2).

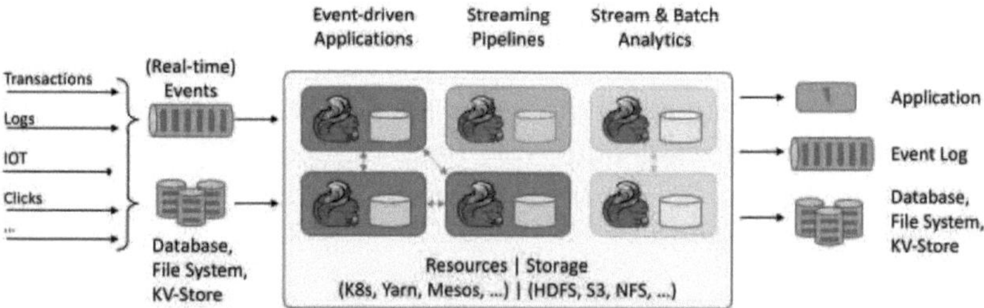

De esa forma, el procesamiento en streaming permite simplificar la infraestructura, minimizando el número de componentes que deben ser mantenidos y orquestados en nuestra arquitectura.

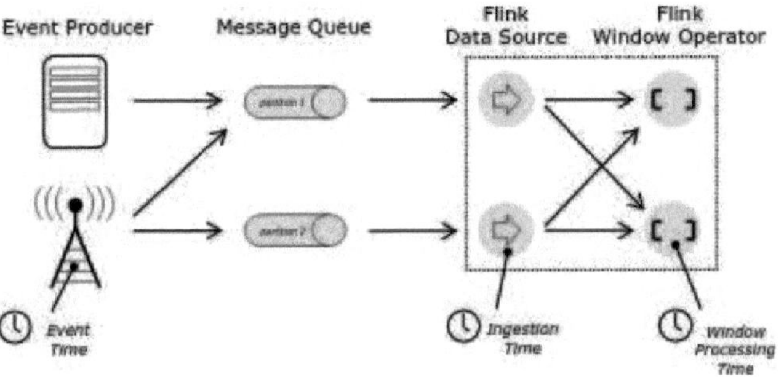

En el ejemplo anterior vemos como Apache Flink es capaz de recoger los diferentes eventos que se producen desde una cola de mensajes e ir procesando dichos mensajes a través de **ventanas temporales de datos**, con el objetivo de ir procesando los datos más recientes.

Las ventanas temporales permiten tratar las secuencias infinitas con unos recursos limitados a nivel de memoria, dividiendo los datos de entrada en partes finitas. El procesamiento mediante ventanas temporales permite tener varios niveles de paralelismo:

- **Paralelismo entre consultas** (escalable por consultas).
- **Paralelismo dentro de consultas** (escalable por volumen de eventos).

Las ventanas se crean cuando el primer evento que pertenece a la ventana llega al sistema. La ventana vence cuando el tiempo (de evento o de procesamiento) termina y además pasa el tiempo de retraso máximo definido por el usuario. Además, cada ventana tiene un Trigger que especifica las condiciones para que se aplique la función de procesamiento.

10.3.2. Bloques de construcción

A la hora de trabajar con Flink podemos diferenciar los siguientes bloques de construcción: **fuentes de datos, transformaciones y sumideros de datos**. Las fuentes y los sumideros pueden ser archivos locales / HDFS, bases de datos, colas de mensajes, etc.

En el nivel más básico, un programa Flink se compone de:

- **Fuente de datos**: Datos entrantes que Flink procesa. Son el punto de entrada para los streams que ingresan al sistema.
- **Transformaciones**: el paso de procesamiento, cuando Flink modifica los datos entrantes.
    - **Streams** son los conjuntos de datos inmutables e ilimitados que fluyen a través del sistema.
    - **Operators** son funciones que operan en flujos de datos para producir otros streams.
- **Sumideros de datos**: donde Flink envía datos después del procesamiento. Son el lugar donde fluyen los streams del sistema y pueden representar una base de datos o un conector a otro sistema.

10.3.3. Apache Flink vs Apache Spark

La principal diferencia entre Spark y Flink está en que Flink internamente se trata de un modelo de programación centrado en el procesado de flujos o stream processing y Spark consigue esta funcionalidad utilizando un enfoque de pequeños procesos por lotes en forma de micro-batching.

Una de las diferencias fundamentales entre ambos modelos son la abstracción con la que trabaja cada uno de ellos: Spark procesa bloques de datos o data frames, mientras que Flink realiza un procesado de cada registro en tiempo real.

Flink, al contrario que Spark, ha sido diseñado con una arquitectura orientada al procesamiento de eventos en streaming. Por ello, generalmente Flink tiene un mayor rendimiento y procesa a nivel de eventos individuales, sin crear micro-batches como hace Spark Streaming.

11. Glosario de términos

Apache Kafka: herramienta que permite publicar, almacenar y procesar los registros. Esta plataforma también permite suscribirse a ellos en tiempo real. Transfiere cantidades enormes de datos a cualquier otro lugar que necesite. Es la alternativa al sistema de mensajería tradicional que se utiliza en las empresas. Actualmente, es una solución open source que se hace necesaria para la transmisión de datos y cuenta con aplicaciones para necesidades empresariales.

Apache Spark: Framework de programación para procesar datos de forma rápida. Es un motor de procesamiento responsable de orquestar, distribuir y monitorear las aplicaciones que constan de muchas tareas de procesamiento de datos. Se pueden leer datos desde diferentes soluciones como Amazon S3 o Google Storage.

Advanced Message Queue Protocol (AMQP): Protocolo Avanzado de Mensajería de Colas. Es un estándar abierto para el paso de mensajes entre aplicaciones u organizaciones. Conecta sistemas, alimenta procesos de negocio con la información que requieren y transmite de manera confiable las instrucciones necesarias para lograr los objetivos definidos. Sus características principales a cumplir son: seguridad, confiabilidad, interoperabilidad, estándar y abierto.

Docker: Es uno de los mecanismos más comunes para desplegar software en cualquier servidor por medio de contenedores software. Los contenedores son como los containers que vemos siendo transportados en barco de un sitio a otro. Algo parecido ocurre con los contenedores software, ya que dentro de ellos podemos alojar todas las dependencias que nuestra aplicación necesite para ser ejecutada.

Kubernetes: Se ha convertido en el estándar de facto para el despliegue de aplicaciones basadas en contenedores. Gracias a los contenedores y a los clusters de contenedores, se ha simplificado el desarrollo aplicaciones escalables y resilientes. Sin embargo, las tareas de administración de los clusters de contenedores aumentan exponencialmente. Kubernetes (o también conocido como K8S) es un orquestador de contenedores que soluciona este problema. Gracias a los orquestadores de contenedores, se han simplificado las tareas de gestión del ciclo de vida de los contenedores de un sistema.

Microservicios: La arquitectura de **microservicios** es una aproximación para el desarrollo de software que consiste en construir una aplicación como un conjunto de servicios pequeños que se ejecutan y se comunican por mecanismos muy ligeros. Cada servicio tiene la tarea de implementar una funcionalidad completa y se puede programar en diferentes lenguajes y usar diferentes tecnologías para almacenar los datos.

Openshift: Plataforma de RedHat para la gestión de contenedores basada en Docker y Kubernetes, siendo además una distribución certificada de Kubernetes. OpenShift utiliza Kubernetes internamente, pero introduce muchas mejoras: más seguridad, auto compilación de imágenes, etc. En definitiva, dota al DevOps de herramientas que facilitan la administración y monitorización de sistemas basados en clusters de contenedores.

Programación reactiva: Paradigma de programación asíncrono que se centra en las secuencias de datos y la propagación de datos mediante el establecimiento de una dependencia definida entre los modelos de ejecución subyacentes y los flujos de datos emitidos de un componente a otro.

RabbitMQ: Software de encolado de mensajes conocido como broker de mensajería o gestor de colas. Las aplicaciones se pueden conectar a estas colas y transferir y leer mensajes en ellas. Se puede usar principalmente para reducir las cargas y tiempos de entrega por parte de los servidores de aplicaciones web.

Spring: Framework para la plataforma Java. Es el resultado de la evolución en la ingeniería del software para estandarizar el trabajo y resolver los problemas que aparecen en el mundo de la programación. Permite desarrollar aplicaciones Java de forma rápida y eficaz, ya que ahorra líneas de código y se salta las tareas repetitivas. Actualmente, es el framework Java más utilizado, llegando a convertirse en un estándar de facto del mundo Java.

Yeoman: un sistema de generación de proyectos escrito en JavaScript (Node.js) que permite agilizar muchísimo el inicio de nuevas aplicaciones. Está compuesto de un módulo de Node.js sobre el que construir los generadores y una herramienta de línea de comandos para ejecutarlos, todo empaquetado en un único módulo en npm bajo el nombre de 'yo'. Los generadores se instalan también a través de npm, lo cual permite que se genere una gran cantidad de librerías open source.

Printed by Books on Demand GmbH, Norderstedt / Germany